2023 中国建设监理与咨询
——工程监理数智化经验交流会

主编　　中国建设监理协会

中国建筑工业出版社

图书在版编目（CIP）数据

2023 中国建设监理与咨询 . 工程监理数智化经验交流会 / 中国建设监理协会主编 . —北京：中国建筑工业出版社，2023.12

ISBN 978-7-112-29230-1

Ⅰ . ① 2… Ⅱ . ①中… Ⅲ . ①建筑工程－监理工作－研究－中国 Ⅳ . ① TU712.2

中国国家版本馆 CIP 数据核字（2023）第 186316 号

责任编辑：陈小娟 焦 阳
文字编辑：汪箫仪
责任校对：王 烨

2023 中国建设监理与咨询
——工程监理数智化经验交流会
主编 中国建设监理协会

*

中国建筑工业出版社出版、发行（北京海淀三里河路 9 号）
各地新华书店、建筑书店经销
北京雅盈中佳图文设计公司制版
天津图文方嘉印刷有限公司印刷

*

开本：880 毫米 ×1230 毫米 1/16 印张：$7\frac{1}{2}$ 字数：300 千字
2023 年 12 月第一版 2023 年 12 月第一次印刷
定价：35.00 元
ISBN 978-7-112-29230-1
（41929）

工程卫士
建设发家

王早生

二〇二二年八月十六日

目录 CONTENTS

中国建设监理协会六届十八次常务理事扩大会议在昆明顺利召开

2023 年 9 月 20 日，中国建设监理协会在云南省昆明市召开六届十八次常务理事扩大会议。中国建设监理协会会长王早生，副会长李明安、夏冰、陈贵、孙成、郑立鑫、付静、王岩，副秘书长王月等协会领导出席了会议。会议由副会长李明安主持。本次会议还特别邀请了省建设监理协会、有关行业建设协会监理（专业委员会）和各分会负责人到会。

王早生会长作《中国建设监理协会 2023 年第 1~3 季度工作情况和第 4 季度工作安排》的报告。李明安副会长通报了《中国建设监理协会第七届换届工作情况》；中国建设监理协会副会长、上海市建设工程咨询行业协会会长夏冰宣读了《中国建设监理协会关于变更分会负责人的报告》；中国建设监理协会副会长、江苏省建设监理与招投标协会会长陈贵宣读了《中国建设监理协会关于发展单位会员的报告》。

经常务理事表决同意，审议通过了《中国建设监理协会关于变更分会负责人的报告》和《中国建设监理协会关于发展单位会员的报告》。

李明安副会长作会议总结。

本次会议完成了各项议题，取得了圆满成功。

携手共进，为提升监理服务水平精准发力
——华北片区中国建设监理协会个人会员业务辅导活动成功举办

由中国建设监理协会主办，北京市建设监理协会承办，天津市建设监理协会、山西省建设监理协会、内蒙古自治区工程建设协会和河北省建筑市场发展研究会五家省市协会共同举办的华北片区中国建设监理协会个人会员业务辅导活动于 9 月、10 月成功举办。

本次业务辅导以线上、线下相结合的形式面向华北片区五省市的广大监理个人会员授课，2023 年 9 月 19 日、9 月 25 日、10 月 11 日、10 月 25 日，分别在北京、石家庄、太原和呼和浩特设立主会场，吸引了来自华北片区四省市线下听课学员近 1000 人现场参会。主会场的现场授课内容同步线上在华北片区直播，为会员提供了便捷的学习途径，线上听课累计达到十余万人次。录课回放一个月时间内总计点击率超过 100 万人次。

五省市协会领导高度重视，对业务辅导内容进行了认真的筹划和精心的安排。授课内容涵盖国家最新的法律法规、通用规范等方面，邀请行业知名专家进行了精彩的授课。张元勃教授级高级工程师讲解了《建筑与市政工程施工质量控制通用规范》GB 55032—2022，李伟教授级高级工程师对《建筑与市政工程防水通用规范》GB 55030—2022 进行了深入解读，郑旭日教授级高级工程师分享了《监理指令常见问题分析与改进对策》，李岩高级工程师对《施工脚手架通用规范》GB 55023—2022 重要条文进行了深度解析，汤光伟高级讲师讲解《工程质量安全手册》（质量篇）。授课内容得到了个人会员和广大监理人员的普遍认可。

华北片区中国建设监理协会个人会员业务辅导活动的成功举办，受到了广大个人会员的热烈欢迎，增强了华北五省市协会间的联系与交流，也为会员在实际工作中更好地发挥监理作用提供了有效帮助，进一步增强了个人会员的荣誉感和责任感，有力促进了他们的履职能力和服务水平，为监理行业的健康发展注入了新的活力。全行业共同努力，汇聚蕴藏磅礴力量的星星之火，共同照亮我们监理行业的健康发展之路！

澳门工程师学会会长胡祖杰一行来访交流

2023 年 10 月 8 日，澳门工程师学会会长胡祖杰一行来访中国建设监理协会，双方就内地与澳门地区工程监理行业相关情况进行了交流。中国建设监理协会会长王早生、副会长李明安、副秘书长温健、国际部副主任王婷出席会议。会议由副会长李明安主持。

副会长李明安代表协会对澳门工程师学会胡祖杰会长一行的到访表示热烈欢迎，并向澳门工程师学会介绍了中国建设监理协会出席人员。副秘书长温健向澳门工程师学会介绍了中国建设监理协会的基本情况以及内地工程监理行业相关情况。

澳门工程师学会会长胡祖杰向中国建设监理协会介绍了此次来访的人员及来访目的，并就澳门工程监理的现状及未来发展趋势进行了交流。希望双方今后加强合作，推动内地与澳门地区工程监理行业的发展，为工程监理行业的高质量发展做出贡献。理事长赖健荣介绍了澳门工程师学会的成立情况、会员组成、会员培训等。希望后续双方加强交流。

中国建设监理协会会长王早生与澳门工程师学会会长胡祖杰双方签署了合作备忘录。王早生会长表示，中国建设监理协会将按照政府要求，在此合作备忘录的基础上，加强与澳门工程师学会的合作与交流，为双方未来的会员互认奠定基础，共同推进内地与澳门地区监理行业的高质量发展。

中国建设监理协会西南片区个人会员业务辅导活动在成都成功举办

2023 年 10 月 19 日，中国建设监理协会西南片区个人会员业务辅导活动在成都举行。本次活动由中国建设监理协会主办，四川省建设工程质量安全与监理协会承办，重庆市建设监理协会、贵州省建设监理协会、云南省建设监理协会协办。中国建设监理协会会长王早生、四川省建设工程质量安全总站调研员周密、四川省建设工程质量安全与监理协会秘书长付静、贵州省建设监理协会秘书长王伟星出席会议，四川省建设工程质量安全与监理协会监理分会秘书长刘潞主持会议。来自云南、贵州、重庆、四川 400 余名中国建设监理协会个人会员参加了现场辅导活动，7 万余人在线收看了活动直播。

省质安总站周密调研员对四川目前监理行业现状作了简要分析，同时讲述了此次会议的目的，主要是注重对工程建设相关标准规范的学习和掌握；注重对新型工程技术和材料的学习和了解；提高对工程安全监理重要性的学习；并期待通过本次辅导活动，能学有所获、学以致用，同时希望西南地区监理从业人员和行业协会能够进一步增进了解、加深友谊、深化合作，共同应对挑战，为建设监理行业的改革发展做出更大的贡献。

王早生会长作《不忘初心，履职尽责，努力当好工程卫士和建设管家》的专题讲话。王会长分析了监理行业现状与形势，强调了企业的市场主体地位、企业应深化改革破困局。希望广大监理企业要适应生产关系的变革，继续提高监理服务能力和水平，要合理界定监理责任，通过标准化建设来规范行为、改进工作，促进监理行业的持续健康发展。还要通过创新求发展，监理企业的创新发展离不开信息化，通过数字监理、智慧监理等信息化技术的应用，提高监管精确度和工作效率，降低经营成本和风险，为业主提供高质量的信息化监理服务，为监理行业创新发展、实现转型升级提供助力。

本次大会特别邀请了兆丰工程咨询有限公司董事长陈刚、中冶赛迪集团重庆赛迪咨询有限公司副总经理肖云分别对《房屋市政工程生产安全重大事故隐患判定标准》《装配式建筑工程监理规程》团体标准等内容进行了专题讲座和宣贯；四川明清工程咨询有限公司副总经理田红宇、中建西南咨询顾问有限公司总工程师张国昊分别围绕人工智能在监理行业数智化建设中的应用与实践，面向碳中和零碳工程咨询实践和探索等方面进行了交流分享。

此次业务辅导活动既有理论探讨，更有实践总结，课程内容丰富，针对性强，成效显著，切实有效地加强了监理人员的业务能力，增强了监理人员安全生产意识，提高了监理人员工作专业水平，达到了预期的培训目的，活动取得了圆满成功。

中国建设监理协会石油天然气分会五届一次会员代表大会暨监理数字化经验交流会在北京顺利召开

2023 年 11 月 3 日，中国建设监理协会石油天然气分会五届一次会员代表大会暨监理数字化经验交流会在北京顺利召开。中国建设监理协会石油天然气分会会长、中国石油项目管理公司执行董事、党委书记许贤文，中国建设监理协会副会长李明安，中国石油天然气集团有限公司工程和物装部副总经理周树彤，中国石油天然气集团有限公司工程和物装管理部工程质量监督处处长李冬岩以及分会副会长、理事、会员单位代表共 73 人出席会议。会议由分会副会长兼秘书长刘玉梅、中国石油北京项目管理公司项目管理部主任李海鹏分别主持。

李明安、周树彤两位领导分别作大会致辞，对中国建设监理协会石油天然气分会各成员企业为中国石油天然气行业监理工作的改革、创新与发展所做出的贡献表示充分肯定和感谢，同时对分会会员企业提出加快数字化转型、推动行业转型升级发展的相关建议。

许贤文作大会工作报告。大会表决通过《石油天然气分会工作报告》和《石油天然气分会管理办法》，并投票表决同意分会变更副会长、理事人选。

本次会议特邀嘉宾张强作题为《战略引领 人才驱动 文化兴企》的主旨发言，特邀嘉宾冯宁作《基于全过程工程咨询模式的数字化建管探索与实践》的专题演讲，石油天然气分会 6 家会员单位围绕"监理数字化"进行了经验交流分享，他们的实践经验为行业的数字化转型升级创新发展提供了良好的借鉴。

许贤文作总结发言，建议各监理企业将数字化转型全面融入企业发展战略，加强数据管理，统筹考虑业务与数字化转型配套实施，探索形成可复制、可推广的数字化转型"样板工程"，共同为石油天然气监理行业打造新辉煌，开创新格局。

广东省建设监理协会换届选举暨第六届一次会员代表大会成功召开

2023 年 10 月 12 日下午，广东省建设监理协会换届选举暨第六届一次会员代表大会在广州成功召开。省住房和城乡建设厅一级巡视员蔡瀛、建筑市场监管处处长周卓豪和省社会组织管理局监管处副处长黄静、中国建设监理协会会长王早生、港澳地区相关团体特邀嘉宾及来自全省各地会员代表共 515 人出席了会议。会议应到会员代表 551 人，实到 467 人，符合协会《章程》规定，会议合法有效。会议由协会副会长刘卫冈主持。

孙成会长作《协会第五届理事会工作报告》。报告全面回顾了协会第五届理事会为助力协会和行业高质量发展，四年来在开展课题调研、行业交流、会员服务、法人治理、党建引领、公益扶助等方面的主要工作情况和成果，并对六届理事会工作提出建议。

会议审议通过《协会第五届理事会工作报告》《协会第五届理事会财务收支情况报告》《协会第五届监事会工作报告》《关于协会换届筹备工作情况报告》《协会第六届会员代表资格审查情况报告》。

会议举手表决通过换届选举总监票人、监票人、计票人、唱票人名单，并以无记名投票的形式，选举产生了协会第六届理事会理事 183 人（含常务理事 61 人，会长、副会长 29 人）、监事会监事 5 人。其中，史俊沛同志当选为协会第六届理事会会长，黎锐文同志当选为第六届监事会监事长。

新任会长史俊沛、监事长黎锐文依次上台发表就职演讲，表示将坚守初心、认真履职、积极作为，力争把协会进一步打造成为会员满意、社会认可、政府信任的社会组织。

协会第六届理事会会长史俊沛向香港测量师学会、澳门工程师学会、澳门工程顾问商会代表颁发协会第六届理事会顾问、名誉理事聘书。

中国建设监理协会会长王早生高度赞扬了协会第五届理事会在行业调研、标准建设、会员规模、会员服务等方面取得的显著成绩，肯定了广东监理行业敢为人先、锐意进取的精神，希望协会继续发挥行业引领作用，为行业发展做出新贡献。

浙江省举办首届监理人员职业技能竞赛

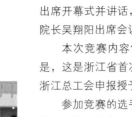

2023 年 11 月 3—4 日，浙江省住房和城乡建设厅、浙江省总工会在宁波联合举办 2023 年浙江省监理人员职业技能竞赛。来自全省 11 个地区的 102 位优秀选手代表参加此次决赛。宁波市住建局总工程师潘伯林出席开幕式并致辞，中国建设监理协会会长王早生出席开幕式并讲话，浙江省建设厅二级巡视员冯峰出席开幕式并讲话，宁波职业技术学院院长吴翔阳出席会议。浙江省建设建材工会主席袁党林出席会议并宣布比赛开幕。

本次竞赛内容包括综合理论知识竞赛和监理能力实操技能竞赛两部分。值得一提的是，这是浙江省首次在监理行业内组织的职业技能竞赛，个人奖总分前三名的选手，将由浙江总工会申报授予"浙江金蓝领"称号，竞赛含金量极高。

参加竞赛的选手围绕综合理论知识竞赛和监理能力实操技能，通过竞赛展现了监理工作者严谨、敬业、专业、拼搏、刻苦钻研的职业形象。

此次竞赛的举办，在监理行业中营造了学技术、提能力、比服务的文化氛围，弥补了监理人员技术能力、管理能力等方面的不足。浙江省将持续为深入学习贯彻党的二十大和省第十五次党代会精神，切实提高监理从业人员职业技能水平，在监理行业中营造以赛促学、以赛促练的热潮，为行业培养更多优秀人才，用优秀的监理服务，为工程质量安全保驾护航，为助推高质量发展贡献一份监理力量。

云南省工程质量安全、全过程工程咨询相关政策宣讲活动圆满结束

2023 年 10 月 10 日，云南省建设监理协会以线上和线下相结合的方式举办了云南省工程质量安全、全过程工程咨询相关政策宣贯讲座活动。宣讲活动由协会会长杨丽主持。云南省住房和城乡建设厅工程质量安全监管处一级调研员刘玉林出席会议并作动员讲话。30 余位监理企业技术负责人现场参加活动，线上 5352 人参加讲座。

云南新迪建设工程项目管理咨询有限公司常务副总经理兼总工程师李俊结合《云南省房屋市政工程建设各方主体质量安全责任清单》的内容和编制过程、编制目的和作用、质量安全责任依据，以及学习应用责任清单应注意的事项就监理单位的尽职履责进行了宣讲。

昆明建设咨询管理有限公司副总经理兼总工程师李毅对国家和云南省最新发布的《云南省房屋市政工程安全生产监督管理十九条整治措施》《危险性较大的分部分项工程安全管理规定》《房屋市政工程生产安全重大事故隐患判定标准（2022 版）》《云南省住房和城乡建设厅关于加强房屋建筑和市政基础设施工程安全生产管理人员规范化管理的通知》《云南省房屋市政工程建筑施工项目安全日志（试行）》等安全生产相关文件进行了解读。

协会会长杨丽作了题为《全过程工程咨询、工程项目管理与工程监理》的宣讲。

本次宣讲活动，受到云南省内监理行业和省外监理同行的广泛关注，直播间总访问次数达到 14336 次。参加现场及线上讲座的监理同仁纷纷表示，通过聆听专家们对当前监理发展趋势的分析和政策文件的深度解读，使他们对用好政策、用好工具书有了更新的认识；分享的工作经验、方法和应对措施，使他们对全面、准确地履行监理责任和义务有了更深刻的理解。部分监理企业会后表示，接下来将组织项目总监、监理人员继续认真学习，切实地将法律、法规和规范性文件的要求落实在监理履职的工作中。

2023年6月5日—9月5日公布的工程建设标准

序号	标准编号	标准名称	发布日期	实施日期
国标				
1	GB 55035—2023	《城乡历史文化保护利用项目规范》	2023/6/5	2023/12/1
2	GB 51456—2023	《建筑物移动通信基础设施工程技术标准》	2023/6/30	2023/9/1
3	GB/T 50726—2023	《工业设备及管道防腐蚀工程技术标准》	2023/6/30	2023/9/1
4	GB/T 51455—2023	《城镇燃气输配工程施工及验收标准》	2023/8/17	2023/9/1
5	GB/T 50331—2002	《城市居民生活用水量标准》	2023/9/5	2023/11/1
6	GB 50705—2012	《服装工厂设计规范》	2023/9/5	2023/11/1
行标				
1	CJ/T 551—2023	《城市运行管理服务平台 管理监督指标及评价标准》	2023/8/17	2023/11/1
2	CJ/T 552—2023	《城市运行管理服务平台 运行监测指标及评价标准》	2023/8/17	2023/11/1
3	JGJ 355—2015	《钢筋套筒灌浆连接应用技术规程》	2023/9/5	2023/11/1
4	CJJ/T 135—2009	《透水水泥混凝土路面技术规程》	2023/9/5	2023/11/1

2022年全国建设工程监理统计公报

根据建设工程监理统计调查制度有关规定，我部对2022年全国具有资质的建设工程监理企业基本数据进行了统计，现公布如下：

一、企业总体情况

2022年，全国共有16270个建设工程监理企业参加了统计，与上年相比增长31.1%。其中，综合资质企业293个，增长3.5%；甲级资质企业5149个，增长5.6%；乙级资质企业9662个，增长63.4%；丙级资质企业1165个，减少12.7%；事务所资质企业1个，无增减。

二、从业人员情况

2022年，工程监理企业年末从业人员193.1万人，与上年相比增长15.7%。其中，正式聘用人员116.5万人，占60.4%；临时聘用人员76.6万人，占39.6%；工程监理人员为86.4万人，占44.8%。

年末专业技术人员117.7万人，占年末从业人员总数的61.0%，与上年相比增长5.7%。其中，高级职称人员20.9万人，中级职称人员48.8万人，初级职称人员26.0万人，其他人员22.0万人。

年末注册执业人员为60.0万人，与上年相比增长17.7%。其中，注册监理工程师为28.8万人，占48.0%，与上年相比增长12.7%；其他注册执业人员为31.2万人，占52.0%，与上年相比增长22.6%。

三、业务情况

2022年，工程监理企业承揽合同额18108.3亿元，与上年相比增长45.0%。其中，工程监理合同额2056.7亿元，占11.4%，与上年相比减少2.3%；工程勘察设计、工程招标代理、工程造价咨询、工程项目管理与咨询服务、全过程工程咨询、

工程施工及其他业务合同额16051.6亿元，占88.6%，与上年相比增长54.5%。

四、财务情况

2022年，工程监理企业全年营业收入12809.6亿元，与上年相比增长35.2%。其中，工程监理收入1677.5亿元，占13.1%，与上年相比减少2.5%；工程勘察设计、工程招标代理、工程造价咨询、工程项目管理与咨询服务、全过程工程咨询、工程施工及其他业务收入11132.1亿元，占86.9%，与上年相比增长43.6%。其中，40个企业工程监理收入超过3亿元，97个企业工程监理收入超过2亿元，288个企业工程监理收入超过1亿元，工程监理收入超过1亿元的企业个数与上年相比减少2.4%。

（来源：住房和城乡建设部网站）

工程监理数智化工作经验交流会
在南京顺利召开

2023 年 11 月 29 日，由中国建设监理协会主办，江苏省建设监理与招投标协会协办的工程监理数智化工作经验交流会在南京顺利召开，来自 30 个省、行业协会和分会的 300 余人参加会议，5 万余人在线收看。江苏省住房和城乡建设厅二级巡视员刘连生，中国建设监理协会会长王早生，中国建设监理协会副会长兼秘书长王学军，中国建设监理协会副会长陈贵、李伟、付静，江苏省建设监理与招投标协会秘书长曹达双，中国建设监理协会副秘书长温健、王月出席会议。会议由中国建设监理协会副秘书长温健主持。

江苏省住房和城乡建设厅二级巡视员刘连生作大会致辞。

王早生会长作"加快数智化转型 推动建设事业高质量发展"主题讲话，分析了监理企业加强数智化建设的必要性和紧迫性，并提出了监理行业加强数智化建设的四点建议。呼吁监理行业要与时俱进，不负时代，加快数智化转型升级的步伐，提升监理服务价值，为建设事业高质量发展贡献监理力量。他希望通过本次会议，让数智化的星星之火在行业中形成燎原之势，带动行业数智化建设蓬勃发展。

本次会议发布了《中国工程监理行业发展报告》，李伟副会长对该报告进行了解读。该报告对监理行业发展策略具有前瞻性和指导性，对于促进工程监理行业高质量可持续发展具有重要意义。江苏建科工程咨询有限公司等九家监理企业分享了他们在数智化工作方面的经验和做法。

中国建设监理协会副会长兼秘书长王学军作会议总结。他提出，监理人要增强监理自信，切实履职尽责。监理企业要坚持改革创新，重视诚信建设，落实标准化建设，加强数智化建设，推动企业提质增效，实现跨越式发展。他希望监理人要以锐意进取、顽强拼搏的豪情，坚持向人民负责、技术求精、坚持原则、勇于奉献、开拓创新的精神，携手共同谱写监理行业发展新篇章！

关于印发工程监理数智化工作经验交流会上领导讲话的通知

中建监协〔2023〕59 号

各省、自治区、直辖市建设监理协会，有关行业建设监理专业委员会，中国建设监理协会各分会，各会员：

为全面贯彻党的二十大精神，落实《质量强国建设纲要》，加快推进工程监理数智化发展，提升工程监理服务品质，共促建筑业高质量发展，协会于 11 月 29 日在江苏南京举办"工程监理数智化工作经验交流会"。现将本次会议上王早生会长和王学军副会长兼秘书长的讲话印发给你们，供参考。

附件：1. 加快数智化转型　推动建设事业高质量发展
　　　2. 工程监理数智化工作经验交流会总结讲话

中国建设监理协会
2023 年 12 月 4 日

附件 1：

加快数智化转型　推动建设事业高质量发展

中国建设监理协会会长　王早生
2023 年 11 月 29 日

各位领导、各位专家、各位同仁：

大家上午好！我们今天在南京召开工程监理数智化工作经验交流会，会议将围绕数智化技术在实施监理服务、全过程工程咨询服务的应用以及监理企业数智化建设经验等方面进行交流，这对于提高企业数智化管理工作水平，增强企业核心竞争力，推进监理行业高质量发展具有积极的促进作用。在九个单位作经验交流之前，我先谈几点意见，供参考。

一、监理企业加强数智化建设的必要性和紧迫性

党的二十大报告指出，高质量发展是全面建设社会主义现代化国家的首要任务，这意味着经济发展模式将彻底改变过去靠生产要素投入、规模扩张的粗放式增长，进入依托数字经济的蓬勃发展、以高质量发展推进中国式现代化的新阶段。随着国家经济发展进入新常态，供给侧结构性改革、建筑业改革和工程建设组织模式变革的纵深推进，建筑业提质增效、转型升级的需求十分迫切。传统的监理服务模式将难以满足今后的数智化工程建设管理模式和国家高质量发展的规划布局，监理如果不打破固有思维，不融入新发展理念，必定没有出路。监理的数智化转型，势在必行。

（一）监理数智化建设是落实国家高质量发展战略部署的现实需要

国务院"十四五"数字经济发展规划中明确提出促进数字技术在全过程工程咨询领域的深度应用，引领咨询服务和工程建设模式转型升级。中共中央、

国务院印发的《质量强国建设纲要》中提出要"加快建筑信息模型等数字化技术研发和集成应用"。数字化转型纳入国家政策规划体系。住房城乡建设部在《"十四五"建筑业发展规划》中明确了建筑工业化、数字化、智能化水平大幅提升，建造方式绿色转型成效显著的发展目标，提出建筑业应健全数据交互和安全标准，强化设计、生产、施工各环节数字化协同，推动工程建设全过程数字化成果交付和应用。住房城乡建设部决定在天津等27个地区开展工程建设项目全生命周期数字化管理改革试点工作，加快推进工程建设项目全生命周期数字化管理。"十四五"时期，信息化进入加快数字化发展、建设数字中国的新阶段。党和国家出台一系列关于推动数字化发展的文件，目标是以数字经济的蓬勃发展带动国家高质量发展，最终实现中国式现代化的宏伟蓝图。监理行业作为肩负工程建设领域高质量发展的重要力量，不能置之度外，要积极响应国家高质量发展战略部署，开辟数智化转型升级之路。

（二）监理数智化发展是顺应人类社会发展和时代进步的必然选择

人类社会发展经历了漫长的过程，最重要的进步标志是学会了制造工具、使用工具，有了"技术"。技术伴随着人类进化、工具的进步，从野蛮走向文明，人类的进步史就是一部科技的发展史、工具的升级史。从旧石器时代到新石器时代，人类经历了上百万年的探索；从新石器时代到青铜器时代、铁器时代，人类经历了上万年的探索。自9世纪中国古代四大发明流传至全世界后，人类的科技进步逐渐加快了步伐。18世纪60年代，第一台蒸汽机的诞生引发了第

一次工业革命；进入19世纪，电力开启了第二次工业革命；20世纪中期，世界上第一台现代电子计算机的诞生标志着人类社会走入了信息化时代，第三次工业革命悄然拉开序幕。进入21世纪，以互联网产业化、工业智能化、工业一体化为代表，以人工智能、清洁能源、无人控制技术、量子信息技术、虚拟现实以及生物技术为主的全新技术革命，酝酿着一场新的工业革命，技术的更新迭代日新月异。

监理数智化发展是时代进步的必然选择。在信息时代，视频会议形式代替了过去的车跑、人跑，参会人员桌上的平板电脑代替了过去厚厚的纸质材料，只要有手机和网络，随时随地均可办公，这些都是信息化进程中，工作形态发生的转变。在市场竞争日渐激烈的今天，数智化建设在促进企业发展、提升企业核心竞争力方面也发挥着越来越重要的作用，是企业实现长期持续发展的重要推动力之一。同时，智慧工地技术的推广应用，智能化建造和智慧型管理推动着信息化技术与建筑施工管理深度融合，因此，推动监理企业数智化建设，实现工程监理的数智化转型，是时代发展的要求，是监理企业顺应时代发展要求必须完成的目标。

（三）监理数智化建设是企业改革创新发展和提质增效的必由之路

监理企业改革创新发展离不开数智化建设。从长远来看，数智化建设对企业的创新发展、转型升级都会带来质的变化。在今后人口红利逐渐下降、人工成本不断提高的趋势下，运用数智化技术，可以强化企业对项目监理机构的管控，提高工程实体检测、监测的效率，从而实现企业减员提质增效。这里的

"减员"并不是偷工减料、降低服务质量，而是采用施工现场巡查穿戴设备、无人机巡查、实时监控、物联网、AI人工智能等信息系统和装备，对关键节点、关键部位实施科学管控，提高监管精确度和工作效率。与传统监理方式相比，提质增效在现代化监理中得以充分体现。例如传统监理方式在施工过程中更多的是凭监理工程师以往的经验和方法发现问题，而现代化监理方式则是通过BIM等技术在模拟施工中分析、预判、处置可能出现的问题，从时间、空间维度实现项目进度、质量、造价等要素管理一体化，避免施工过程的资源浪费。比如宜昌的奥体项目应用BIM技术节省了2000吨钢筋，节约近千万资金。海南一个宾馆改建项目应用BIM技术解决现场管线碰撞问题1450个，共节约成本21.7万元。这种例子比比皆是。

中监协近期在开展第二批学习贯彻习近平新时代中国特色社会主义思想主题教育工作，其中一项重要的任务就是开展调查研究。我们设计了《监理行业信息化、数字化、智能化发展情况调查问卷》，并已经发给各省协会协助组织监理企业填报。从调查问卷的数据来看，监理行业的信息化、数字化、智能化发展相对比较落后。在大数据、物联网、5G技术、云计算、BIM技术、装配式建筑等新技术催生的时代，技术的革新、智能建造的方式对传统建筑业生产模式产生强烈冲击，如果监理的监管手段落后于施工单位，将无法对施工现场进行有效的监管。企业只有把握住机会，积极开展监理数智化转型升级，用现代化的技术手段实施监理，才不会被信息化时代的市场所抛弃。

二、如何加强监理企业数智化建设

高质量发展是我们的奋斗目标，我们要切实履职尽责，当好工程卫士和建设管家。监理企业要通过"树正气、补短板、强基础、扩规模"走好高质量发展之路，而数智化建设是抓手，是重要手段，是企业发展的着力点，应当在以下几个方面加强工作，取得实效。

（一）提高思想认识

当今时代，数字经济的发展已深入各行各业，数字化、智能化成为企业高质量发展的新赛道。监理企业的决策者应提高思想站位，高度重视企业信息化、数智化建设。通过加强信息化建设，实现信息资源整合统一，助力企业实现"精前端、强后台"的项目协同管理模式，大幅提升监理企业的工作效率、市场核心竞争力和经济效益，进而做好数智化转型这道"必答题"。

（二）重视数智化人才培养

人才队伍的建设是监理企业转型发展的关键，数智化人才是监理企业数智化建设的关键。因此，监理企业应对员工进行数智化建设的专项培训，在数智化建设上达成共识，发挥全员协同推动优势。构建多层次、多渠道、重实效的数智化人才培养机制，逐步提高监理人员的数智化应用能力，从而提升现场监理的业务能力和水平，进而促进企业数智化建设的可持续发展。

（三）加大数智化建设投入

数智化建设与监理企业、行业的改革密切相关，是创新发展的重要抓手。目前只有少数监理企业在开展业务中实现数智化管控，而大多数监理企业的监理手段相对传统，无法满足现代化施工现场质量安全监管的需求。一方面企业要加大信息化软件投入，通过购买、自主研发或联合开发等方式构建信息化管理平台，提升整体工作效能；另一方面是加大信息化装备的投入，实现实时、便捷、有效地管控施工现场，不断提升施工现场监理的履职能力。例如通过施工现场巡查穿戴设备、无人机巡查、实时监控、智能识别等信息系统和装备，实现管理决策有依据、执行记录真实可追溯、问题监督反馈有闭环，为业主提供高品质的数智化监理服务。

（四）制定数智化工作标准

监理企业要制定数智化工作标准，以此规范管理、优化工作流程、提高工作效率，同时为业主评价监理数智化服务提供依据。企业要积极响应协会号召，参考、运用协会印发的《监理工作信息化导则（试行）》，以标准化、信息化手段促进监理工作效率的提升，促进监理企业提升向市场提供高质量服务产品的能力，促进监理行业向数智化技术方向发展的融合。

今天在大会上交流的都是行业内开展数智化监理工作比较好的企业，他们将通过企业开展数智化建设或项目案例来交流经验和做法。这其中有国有企业，也有民营企业，有上千人的企业，也有两三百人的企业，尽管大家出身、规模不同，但这些监理企业的数智化建设都有了可喜的回报，可以说初步实现了减员提质增效，也得到了业主和社会的认可，"回头客"越来越多。我衷心希望通过这次会议交流，让信息化的星星之火在行业中形成燎原之势，带动行业数智化建设蓬勃发展。

"君子谋时而动，顺势而为"，希望企业家们要借势而进、蓄势前行，借鉴成功的经验，选择适合自身企业的数智化发展方向，以数智化赋能，推动企业的转型升级和行业的高质量发展，为中国式现代化建设贡献监理力量！

附件 2：

工程监理数智化工作经验交流会总结讲话

中国建设监理协会副会长兼秘书长　王学军

2023 年 11 月 29 日

尊敬的各位领导、各位会员：

大家好！中国建设监理协会主办，江苏省建设监理与招投标协会协办的工程监理数智化工作经验交流会今天在南京顺利召开，来自 30 个省、行业协会和分会共 300 余人参加会议。为扩大交流会的受众面，会议开设了视频直播。会上王早生会长作了主题报告，他分析了监理企业开展数智化建设的紧迫性和必要性，呼吁监理行业要与时俱进，不负时代，加快数智化转型升级的步伐，提升监理服务价值，为建筑业高质量发展贡献监理力量。

本次会议有 64 家企业撰写了信息化、数智化管理经验交流材料，因为时间关系，在会上邀请了江苏建科、重庆同炎数智、上海建科、陕西永明、长春建业、浙江五洲、广东鼎耀、湖北中晟宏宇、山东元亨九家公司，分别介绍了他们信息化、数智化建设和应用方面的做法和经验。他们的共同特点是：顺应信息、智能时代发展潮流和建筑业改革发展趋势，不断加强信息化、数智化建设，并运用于监理、项目管理、全过程工程咨询，借助信息化、数智化赋能，不仅解决管理服务中各种问题和痛点，以及管理层与项目距离屏障，而且通过信息化、数智化赋能，取得了提质增效，强化监理和管理作用发挥，促进企业高质量发展的效果，他们的经验和做法，

值得大家学习和借鉴。本次会议还发布了《中国工程监理行业发展报告》，希望大家认真学习研究。

今年是工程监理制度建立 35 周年、监理协会成立 30 周年，在这一重要历史时期，我们广泛开展行业宣传、行业调研，加强业务培训，组织座谈交流等活动，对提升行业凝聚力和社会影响力具有重要的现实意义。35 年来，监理行业在建设行政主管部门的指导下，在建设各方的支持下，在国家和地方行业组织的引领下，全体监理从业者紧跟时代发展步伐，努力适应建筑业改革发展形势，以市场需求为导向，开展多元化服务。目前，行业还处在稳定发展阶段，据政府部门统计数据显示，截至 2022 年底全国监理企业发展到 16270 家，从业人员增加到 193.1 万人，其中注册监理工程师达到 28.8 万人。全年营业收入 12809.6 亿元，其中工程监理收入 1677.5 亿元。全国年营业收入超过 1 亿元的监理企业有 288 家。监理队伍的持续发展壮大，说明监理队伍在国家经济建设中有着重要的作用，肩负着相应的责任，有为，也有位。我们既要看到行业发展前景的光明，又要思考未来发展面临的困难和挑战。因此，去年协会组织对行业发展进行了研究，分析了行业发展现状存在的问题，发展的机遇与挑战，为行业发展提出方向。下面我谈几点意见，供大家参考。

一、增强监理自信，切实履职尽责

习近平总书记说过："坚定中国特色社会主义道路自信、理论自信、制度自信，说到底是要坚定文化自信，文化自信是更基本、更深沉、更持久的力量。"建设监理制度是吸取国外先进工程管理经验结合我国国情创立的具有中国特色的工程建设管理制度，作为工程建设管理四项基本制度之一，监理制度在国家经济建设，尤其是在加强工程项目建设管理方面发挥了积极作用，监理队伍在保障工程质量安全方面成为一支不可替代的力量。尽管社会上对监理队伍有些非议，但监理行业的主流是好的。作为监理从业者要坚持监理制度自信、监理工作自信、监理能力自信、监理发展自信，毫不动摇地履行好监理职责，当好工程卫士。为此，要加强数智化建设，不断提升专业素养，树立优良工作作风，自觉抵制克服不良现象。提高信息化管理水平和智慧化监理能力，更好地保障工程质量安全，为国家经济建设尤其是工程建设贡献监理人的智慧和力量。

二、坚持改革创新，实现跨越发展

随着供给侧结构性改革的推进和高

质量发展的落实，我国工程建设组织模式、建造方式和咨询服务模式等在持续变革，新时代智能化设备在施工中运用对企业监理和咨询服务能力提出了更高的要求。想要在市场上立足，就必须紧跟时代发展，创新服务方式，提高服务质量，选择适合自身发展的道路。要充分发挥企业家善于合作、脚踏实地、改革创新、自强不息的精神，大力推进企业科技创新、管理创新、理念创新，以创新促进企业健康发展；不断推动企业管理、人才培养等制度改革，将改革创新成果转化为竞争优势，使改革创新促进企业提质增效，促进企业实现跨越发展。

三、重视诚信建设，筑牢发展基础

诚实守信是社会主义核心价值观的基本要素和文明和谐社会的基石，也是企业长足发展的基础。国家高度重视社会信用建设，提出社会信用体系建设纲要，整合社会力量褒扬诚信、惩戒失信，稳步推进信用社会建设。住房城乡建设部构建以信用为基础的监管机制，建立了建筑市场监管"四库一平台"。协会在会员信用建设方面也做了大量工作，诚信体系基本健全，在单位会员范围内开展信用评估，积极推进信用成果运用。今年，协会公布了第一批1031家单位会员信用自评估结果，其中AAA企业831家，AA企业187家，A企业13家。诚信经营的良好氛围正在监理行业形成。

监理企业应重视信用体系建设，建立完善信用机制，积极参加政府、行业组织的信用评价（估）活动，认真落实行规公约，职业道德行为准则，不断增强从业人员诚信履职意识，树立正确的价值观和荣辱观。加强对从业人员信用情况和职业道德行为的检查，惩戒失信和不廉洁行为，大力弘扬中华民族重承诺、守信用的传统美德，努力促进监理从业者诚实做人、踏实做事、清廉履职。

四、落实行业标准，实现监理价值

监理行业标准化建设对规范监理工作行为，界定工程监理责任具有重要的现实意义，有助于促进工程监理工作的量化考核和监管，有利于提升监理履职能力和监理服务质量，促进监理合理取费，进而促进监理行业健康发展。国家高度重视标准化建设，近日，国家标准委、人力资源社会保障部等部门联合印发了《标准化人才培养专项行动计划（2023—2025年）》，为全面推进中国式现代化建设提供了强有力的人才保障。监理企业要在经营管理实践中不断总结经验，制定符合企业发展实际，具有科学性、规范性和经济性的企业标准，将无形的咨询服务经验转化为有形的服务标准，提升监理现场工作的公信力和影响力。监理企业应加强国标、地标、团标的学习贯彻落实，重视企业标准的制定和执行，实现科学高效管理，提升企业整体素质和服务水平。同时，监理企业应重视人才储备和培养，为企业发展夯实人才基础。

五、加强数智化建设，促企提质增效

加强企业信息化、数智化建设是提高企业核心竞争力，优化企业管理方式，适应市场需求的有效途径。监理企业的决策者应提高思想站位，高度重视企业信息化、数智化建设，通过加大资金、人才等投入，提高管理和服务水平。目前，可采取人工监督与视频监控并重，人工巡查与无人机巡航并重，平行检验与智能检测并重，提高监理工作科技含量。发挥计算机通信和网络技术实现公司项、企连通，管理层与服务点联动，促进企业咨询服务提质增效，不断提高企业核心竞争力，切实推进企业做优做强高质量健康发展。

同志们，工程监理数智化工作经验交流会取得了圆满成功！在创新发展的新时代，信息化、数智化已成为经济社会提质增效、高质量发展的驱动力，不断融入人们的生活和工作中。我们要紧跟时代发展步伐，抓住机遇，真抓实干，以监理数智化建设助力企业在质量安全监理、全过程工程咨询服务等方面实现跨越发展。我们要以党的二十大精神为指导，牢记党的宗旨，坚持为国家经济建设、为社会公众利益服务，为业主创造更多的价值，以锐意进取、顽强拼搏的豪情，坚持向人民负责、技术求精、坚持原则、勇于奉献、开拓创新的精神，携手共同谱写监理行业发展新篇章！

"BIM+监理"数智化转型实践

李　平　朱　静　王晓觅

江苏建科工程咨询有限公司

摘　要：本文围绕"BIM+监理"核心技术，探索企业数智化发展路径，依托项目案例拓展"BIM+监理"服务应用广度和深度，提出"BIM+全过程工程咨询"的服务理念。

关键词：BIM+监理；数智化；探索

近年来，国家高度重视数字化发展。国务院办公厅、国家发展改革委、住房和城乡建设部等陆续出台数字化转型相关政策，主要围绕数字产业化和产业数字化转型、加快智能建造与新型建筑工业化协同发展、加快智慧城市建设等领域。

江苏建科工程咨询有限公司紧紧围绕住房和城乡部《"十四五"建筑业发展规划》，打破固有传统的监理模式，积极创新管理模式，运用当下发展迅速的互联网、云存储、大数据、无人机、BIM技术等先进手段，实现监理业务的智能化和数字化，提高监理质量和管理效率。

一、公司数智化发展路径探索

（一）战略先行，成立BIM研究中心

充分研判"十四五"战略发展规划，以解决工程实际问题、满足业主实际需求为出发点，组建"BIM研究中心"，全面展示高新"数智"优势。

在企业管理层面建立BIM标准化技术管理体系，打造全过程工程咨询管理产业链，适配孵化高新技术的软硬件配置及协同工作环境，拓展菜单式全过程的专业化咨询服务。

（二）打造BIM专业团队，建立有效的数智化转型工作机制

公司注重BIM领域的人才培养和资金投入。BIM研究中心成立以来以内部培养和外部招聘的方式组建专业化的团队，定期开展内部培训和选拔，以强大团队力量。团队成员不仅要求熟练掌握软件，更要注重专业知识的提升、主动协同意愿的提高、数字化设计思维模式的建立，加强BIM技术与全过程工程咨询各阶段的融合，为公司所有在建项目提供专业化服务。

（三）强化示范应用与推广，做好示范引领

公司于2019年先后被认定为江苏省建筑产业现代化示范基地、南京市装配式建筑信息模型（BIM）示范基地，充分发挥示范引领作用，扎实推进企业数字化工作，为社会层面培育BIM人才。

（四）以赛促用，检验BIM技术应用效果

公司优选各项目BIM应用成果，积极参加各类BIM赛事，检验BIM技术应用效果。其中，南京市某核心地块施工阶段BIM综合应用荣获第四届工程建设行业BIM大赛"三类成果"，国网电院科研实验楼项目BIM成果荣获江苏省安装行业BIM技术创新大赛"二等奖"等。

（五）探索BIM技术科研创新应用

公司与东南大学、南京工程学院等高等院校以及江苏省建筑科学研究院有限公司等科研院所，开展一系列建筑工程监理、全过程工程咨询标准制定、BIM技术应用等课题研究等工作。

目前，公司已参与多个行业和地方BIM标准编制工作，如《南京市建筑信息模型招标投标应用标准》《南京市装配

式建筑信息模型协同应用标准》等。通过标准编制响应国家建筑业技术升级的要求，促进工程建设信息化发展，提升建筑行业管理水平。

（六）自主研发多层级数字化管控平台

2014年，公司立足高新、志在长远，成立南京建晓信息科技有限公司，负责建筑工程领域信息化软件的开发及应用。打造企业级、项目级、主管部门数字化管控平台，实现了协同咨询项目、咨询公司、主管部门各类数据的云端存储和信息共享，针对各类建筑施工的特点，引入BIM轻量化模型，丰富了数字化管控平台的功能，提升了用户体验，受到一致好评。

（七）立足业务，场景化转型升级

BIM技术研究中心立足现场管理需求，先后独立为近20个建筑工程项目提供BIM咨询服务，选取重点场景如分部分项工程质量验收、日常安全巡视等进行数字化转型，架设项目、部门、企业的多层级数字化管理。

目前公司在建项目355个，其中114个项目应用BIM技术，覆盖率高达32%。BIM技术研究中心以管理有效性为切入点进行场景切分，实现项目层面的管理闭环，再实现部门与企业层面的管理闭环。

二、企业数字化项目案例

国网江苏电科院科研实验用房项目，位于南京市江宁区万安东路，建设单位为江苏省电力试验研究院有限公司，设计单位为江苏省东方建筑设计有限公司，勘察单位为江苏省鸿洋岩土勘察设计有限公司，施工单位为南通四建集团有限公司。江苏建科在此项目试点监理+BIM咨询服务，促进"数智化"应用，丰富监理服务手段。

项目建筑面积约3万 m^2，地上8层，地下1层。地上主要功能为试验用房、检测车间及配套设施用房，地下设置设备用房、人防及地下车库。

（一）项目实施难点及BIM技术解决方案

1. 项目分部分项工程多，算量复杂

解决方案：本项目利用BIM模型配合其他软件，解决算量复杂的问题，同时通过BIM模型可以解决重复核算的问题，实现一模多用，拒绝重复建模。

2. 项目现场施工中数据难以集成、管理困难

解决方案：本项目BIM中心基于对现场人员、能耗、安全、质量进度等多方位进行数据采集分析，利用BIM协同平台的大数据分析功能优化管理。

3. 管线设备众多，各专业碰撞可能性大

解决方案：本项目利用BIM在各个管线密集和非密集区域进行深化布置，调配各管线的空间关系，并在复杂点做推演视频对工人进行三维可视化交底。

（二）本项目BIM应用亮点和创新点

1. 三维BIM地质模型模拟

以数字信息仿真技术为基础，汇集岩土工程勘探数据、物探数据、化探数据、水温检测数据、地震数据、地质图、地形图等深图、剖面图等多种原始数据，一次形成具有数字化的三维地质模型，帮助参建单位项目人员直观理解、查询和掌握场地的地质情况。

通过三维BIM地质模型进行基坑开挖，并按岩土类别分别计算相应开挖量，辅助建设单位在设计阶段更准确地进行工程预算和方案的决策；检查钻孔与管线位置是否冲突，对勘察施工进行提前预判，规避风险；模拟优化施工方案，同时可快速统计各类支护构件的数量及基坑体量模型的体积、表面积等。

2. 严审优化施工图纸

通过对图纸的建模和检查找出图纸中的设计错漏并整合，提交给设计院进行复核和模型修改。建模过程中，对发现的图纸问题分类并汇总，再提供给设计进行答疑和变更。发现的各类有效问题约186个，其中机电图纸问题约131个，土建图纸问题约55个，主要解决了图纸缺失、各专业图纸不一致，以及各专业相互碰撞等问题，创造效益56万元。模型优化完成后，根据BIM出图标准，导出各类平面图，指导施工。

3. 机电管线综合

本项目利用BIM技术可视化、模型化、信息化等特点，对实施应用区域进行毫米级BIM模型搭建和深化设计，改变传统方式下"边量、边焊、边改"的施工模式，解决纯管段预制方式需大量预留现场焊接段的问题，取得了良好的应用效果。

4. 净高分析优化

本项目利用BIM技术的自动检测方式，检查三维管线与结构、建筑，以及管线之间的冲突检测，形成管线冲突报告。在此同时利用模型，对建筑内部功能区实施净高模拟，出具净高报告，作为优化净高的依据。根据净高报告，对照规范的要求，在设计的协助下，对净高不足区域的管线或结构进行调整。

5. 优化场地平面布置

项目前期规划阶段使用BIM进行施工场地规划，直观、真实、多维度、参数

化模拟施工环境，优化场地布置，为施工创造合理条件，且可以最大限度节约人力物力，减小施工现场对周围环境、生态等的负面影响。提前规划场地布置、材料堆场、加工场、行车路径、各个阶段施工道路优化作业面，提高效率，验证排布合理性，创造效益 20 万元，节约工期 15 天。

6. BIM+ 支吊架

本项目通过 BIM 技术完成了集支吊架选型、安装生根、编辑调整、材料统计、安全校核、出图等一体化支吊架方案设计，将支吊架从设计延续至施工，对管线综合进一步深化，精确展示施工场景，材料构件提前计划，提前预埋等，避免机电安装施工中的弊端。快速完成支吊架的荷载计算，并一键导出详细计算书，为建设单位提供决策依据。

7. BIM 辅助方案比选

通过 BIM 技术对大门幕墙与雨棚方案模拟分析，提供三种方案模型，通过模型对比分析，让方案效果更为真实，比选方案更具说服力，保证项目选择最优方案。最终，本项目入口处幕墙及雨棚方案完美落地，实现了设计效果，减少了返工修改。

8. BIM+ 无人机精准测量

通过无人机扫描平台，自动生成多角度近千张照片，从而得到实景三维模型和坐标。在工程计量上，可达到厘米级精度测量，使质量控制和工程结算更加精准；在土方测算上，通过近千个点位的数据采样，使土方量的计算更加便捷、准确。

9. BIM4D 进度模拟

利用 BIM5D 软件 +lumion，通过关联建筑、结构以及机电设备的 BIM 模型和施工进度计划，将检验批、进度计划与模型一一对应，动态演示局部或整体施工过程以及施工场地布置情况。通过 BIM4D 施工进度模拟不但可以直观地展示整个施工过程，实现施工过程的可视化管理；还可以提高项目建设精细化管理水平。最终，通过 BIM 技术的应用，为本项目节省工期 23 天。

10. BIM 施工动画模拟

利用 BIM 可视化特点制作视频对现场管理人员和施工人员交底，使现场施工人员对技术质量要求施工方法有一个详细的了解，施工动画模拟完整地反映了施工流程，增加了技术交底的信息量，降低了信息传递的难度。

11. BIM+AR 辅助监理人员检查验收

BIM+AR 的辅助应用使得现场验收变得更加直观。通过 BIM+AR 技术，验收人员走到什么位置，就可以看到模型上对应位置的数据和信息（包括用料的材质、设计的细节等），既提升了检验时的观感，也减少了读图所需的专业能力，降低了验收的行业壁垒，有利于现场检查。在检查验收过程中，对发现的问题及时在 BIM 模型上标注，能够在施工现场更全面地落实设计，甚至优化设计，保持设计和施工的一致性。

12. BIM+720 全景数字化施工

将全景图片与 BIM 技术相结合，创建 720 全景管线示意，使用 Fuzor 等可视化软件在 WBS 构件编码的基础上探索数字化施工台账的建立，重视 BIM 模型的信息附加功能，真正将 BIM 用于现场施工过程管理之中。

13. BIM 数字化平台研发

本项目开发定制化 BIM 数字化平台，实现了数据的集中储存和共享，使得项目团队成员可以随时随地获取最新的项目信息，确保数据的一致性和准确性；实现多方协同工作，快速响应，减少重复工作、降低沟通成本，提高工作效率；平台提供信息变更和交流的记录等，将责任落实到个人，提高工作效率和质量。

14. BIM 应用总结

社会效益：基于本项目 BIM 的应用经验，BIM 研究中心完成 "BIM5D 时代电网基建项目智能管理技术及数字化平台研究" 课题的立项，并发表论文 2 篇，申报专利 3 项，项目 BIM 成果获得江苏省 BIM 安装行业协会二等奖。

管理模式：本项目在服务过程中提供的 BIM 咨询服务及各类应用成果受到参建单位一致好评，通过项目一期的实践探索，建设单位计划将相关成果应用在二期项目上，在二期项目实行全过程工程咨询管理，将 BIM 技术提升至统筹管理的层次，对项目各阶段实施全过程 BIM 管控。

人才培养：结合项目实际 BIM 应用相关经验，BIM 技术研究中心积极组织并制定了 BIM 课程及相关培训计划，将 BIM 应用经验以答疑解惑和心得交流的方式进行推广，为公司培养了一批复合型人才。

三、"BIM+ 全过程工程咨询" 服务初探

目前，深圳、江西、重庆等地鼓励建设单位或由建设单位委托全过程咨询单位建立全过程 BIM 管理平台，实现建设单位、设计单位、施工单位、监理单位在数字化管理平台上协同工作。

江苏建科工程咨询有限公司作为全国第一批全过程工程咨询试点企业，探索了 "BIM+ 全过程工程咨询" 服务模式，以数字化协同平台为手段，为传统

业务赋能，与时俱进，实现服务效果、项目工期、经济利益、人才培养的全方位优化。

全过程工程咨询 BIM 团队明确各单位 BIM 模块服务内容及工作界面，解决了各单位 BIM 管理权限划分不清、责任划分不明确、管理难度大等一系列问题。

全过程工程咨询 BIM 团队负责对各阶段的 BIM 成果进行校核和调整，将设计院提供的 BIM 设计成果或第三方咨询公司传递至施工单位，并结合施工经验进行深化以满足现场施工要求，确保 BIM 成果的一致性、高品质与落地性。

全过程工程咨询 BIM 团队校核设计图纸，利用 BIM 技术在设计前端解决重要建筑功能的空间、净高问题，减少施工过程产生设计变更、现场签证等，为

项目管理在综合协调管控中提供了更优的方案建议，保证了项目的落地品质和经营目标。

全过程工程咨询 BIM 团队利用 BIM 模型辅助完成建筑工程、安装工程部分工程量清单，提高招标控制价编制水平；辅助开展施工阶段跟踪审计，使数据更加真实、沟通更加便利；辅助进行结算管控，使设计变更、现场签证留痕于竣工模型，成为后期结算依据，使 BIM 技术在全过程造价管控中更有落地意义。

全过程工程咨询 BIM 团队在项目实施过程中结合设计变更单、工程签证单等资料进行模型更新和维护；利用协同管理平台或 BIM5D 管理平台对相关资源进行管理、协调、整合，最终形成竣工模型，满足业主建设 BIM 运维管理平台的需要。

四、结语

近几年，在 BIM 技术与互联网技术的加持下，建筑行业数字化的进程逐步加快。目前，公司正在开展 BIM+VR、BIM+GIS、BIM+装配式、BIM+3D 扫描、BIM+运维平台的系列研究，也在配合相关部门探索从 BIM 到 CIM 的路径，积极将研究成果应用到公司项目上，实现 BIM 技术的技术落地、指导落地和应用落地。公司也将继续开辟思路、创新技术，不断地进行实践和探索，在监理服务的技术上，利用"数智化"手段，积极完善全过程工程咨询 BIM 服务体系，为企业的转型升级打下牢固的基础，为工程建设实施提供更全面、更高效、更先进的服务。

数智融合　赋能发展
——同炎数智科技（重庆）有限公司数智化转型的成功实践

汪　洋

同炎数智科技（重庆）有限公司

摘　要：同炎数智科技（重庆）有限公司的定位是工程项目全生命周期数智化服务首选集成商。本文分析了同炎数智在传统业务转型、咨询模式升级、咨询价值提升与企业人才保障等方面开展的数智监理咨询模式创新实践。通过自主研发的系列平台，提供涵盖多专业、全阶段、强融合的数智化服务整体解决方案，为监理企业的数智化转型和业务发展提供借鉴。

关键词：工程监理；数智化全过程工程咨询；数智化转型

同炎数智科技（重庆）有限公司（以下简称"同炎数智"）是一家定位于工程项目全生命周期数智化服务首选集成商的科技创新型工程咨询企业，在全国首创"数智化全过程工程咨询"创新服务模式的背景下，也是工程监理企业通过数智化赋能公司高质量发展的全国标杆企业，已成为工程咨询行业数智化转型的行业领先企业。同炎数智自2016年开始实施数智化转型以来，通过全国大量的创新实践项目案例，积累了项企数智化融合服务经验，已开始为业主和行业企业实现数智化赋能！

一、数智定位，推进传统业务转型

2017年，同炎数智在全国提出了"数智化全过程工程咨询"的创新模式，强调"项目管理＋综合专业技术＋数智化"的有效融合，依托自身研发的BIM协同管理平台，为工程项目提供全生命周期的信息化服务，采用"小前端＋大后台"的模式，通过定制化服务和一定的自主性研发，满足业主和项目的个性化需求。

围绕"数智监理"服务模式，同炎数智开始进行数智化平台开发与建设，通过重庆悦来中心等项目的成功实践，公司差异化的服务得到业主的肯定，通过差异化的竞争，能力也获得了快速发展。公司进一步延伸服务链条，通过自主研发的项目前期决策平台、协同管理平台和运维管理平台，提供涵盖多专业、全阶段、强融合的数智化服务整体解决方案。同时，将该创新服务模式大力推广到市场，并且打造多个数智化全过程工程咨询标杆项目，获得行业和业主好评。

二、自主研发，助力咨询模式升级

同炎数智目前已重点打造两大数智化平台。一个是专门为工程建造行业项目参与方打造的基于BIM的"i瞰建"项目协同管理平台。该平台以全过程BIM数字底座为抓手，基于行业长期的项目管理经验，提供项目集和单独项目的数智化管理模块，实现项目各阶段管理业务的数智化融合。平台上的管理数据三维可视，将管理流程、项目数据与BIM模型高度融合，为管理人员提供一套集成能力强大、性能稳定的综合展示平台，可为项目提供全生命周期的数智化服务，赋能项目高品质建设。

另一个是"悠里"智慧运营管理平台。该平台基于BIM+GIS+IOT技术构建数字孪生系统，以真实场景在信息系统的精准映射，对运营数据进行统一管理与综合展示，打造智慧运营管理平台。以统一的 BIM 数字底座将设计、建设运营阶段的模型贯通，实现模型信息的完整继承，提供从建设到营运阶段的数据支撑，为运营管理者提供决策依据，实现智慧管理。该平台还可方便用户按需自主添加场地、设备、家具等模型构件，实现场景化定制功能，同时也与碳排放检测实现了管理融合。

两大平台先后获得 2021 年第三届和 2022 年第四届中国工业互联网大赛大奖，进一步印证了平台的硬实力。

公司的 ERP 系统也是自主开发，这就为项企一体化数智化转型提供了整体解决方案。目前，公司正在为几家业主企业提供企业数智化转型的咨询和软件一体化服务，进一步增强了数智融合服务能力，也进一步赢得了业主的信任。

三、聚焦应用，提升项目咨询价值

同炎数智紧跟国家发展战略，深耕成渝经济圈和长三角、大湾区城市群，聚焦城市园区、生态环境、市政交通、教育医疗四大应用场景，已在全国打造了多个数智化融合标杆项目。

（一）数智化监理——以某文旅项目为例

项目总建筑面积约 20 万 m²，建筑高度 201.88m，主要建筑物包含办公、酒店、商业及地下车库部分。该项目是重庆市第一个采用"BIM 集成应用 + 工程监理"创新模式的项目。该工程具有定位高、体量大、工期紧、场地及周边关系复杂、建设参建方及关联方较多、协调工作量大等特点。项目以运营需求

和业主管理为导向，通过数智化协同管理平台实现各方协同工作，改变传统工程监理服务理念和模式，把数智化集成、BIM 协同管理与工程监理有机结合，充分发挥数智赋能监理，结合为项目定制化研发的 BIM 协同管理平台的集成管理优势，建立统一大数据中心，实现数智融合，改变了传统工程监理投入大、管控难、效率低的短板，实现了项目高品质建设。

项目在构建数智化平台时，对数智化的关键点进行了梳理，数智化的底层逻辑是利用数据和先进的计算技术来解决问题、辅助决策或改进业务流程。数智化监理模式对工程项目建设的信息进行了有效管理；对于项目的建筑信息，采用了 BIM、GIS、倾斜摄影、全景图像等多种方式进行数智化表达，并具备基于数据结构化的流程处理、巡检问题图像资料对应和跟踪消项管理、监理日志线上记录、工地疫情信息及时掌控、方案可视化决策、模型对比进度可视、质量安全问题自动统计分析、全景汇报、模型交底和施工指导、专业碰撞检查、管线综合分析等融合应用功能。

通过"数智监理"模式，充分发挥技术优势，数智化的落地以新技术为支撑，同时搭配监理技术人员丰富的现场经验，找准工程项目数智化应用痛点，打通关键线路。基于需求出发的平台模块开发，根据项目管理的重点关注信息进行数据的收集与展示，项目人员通过平台主页可以在极短时间内掌握项目关键信息。同时，针对项目的需求或者形势的变化，平台也能进行迭代更新。本项目通过数智化结合工程监理的融合应用，为项目创造了 2055 万元的经济成效，超过数智监理服务费。

（二）数智化全咨——以某园区项目为例

园区项目总占地面积约 62.67 万 m²，总建筑面积 140 万 m²，总投资 110 亿元。主要建设内容为产业办公、酒店及相关产业配套（办公、商业、地下车库、餐厅、室外工程）。设计中采用了装配式建筑、绿色建筑，运用新技术新材料建设海绵城市及智慧园区等。该项目具有定位高、体量大、工期紧、设计水准高、投资合同复杂、场地及周边关系复杂、建设参建方及关联方较多、协调工作量大等突出特点。

项目采用了"数智化全过程工程咨询"新型建设组织模式，打造"1+2+3+N"的创新管理体系。即构建一个数字大脑，融合"技术 + 管理"的双轮驱动，实现组织创新、平台创新、技术创新三个创新目标，项目采用面向"一模到底"的数字化设计、嵌入"绿色低碳"的智慧化施工、基于"多方协同"的信息化管理等多项 BIM 数智集成应用，实时智慧化管理，科学组织参建各方协同工作，大幅提高信息化程度和工作效率，围绕着绿色、智能、人文实现项目高效率、高品质建设。

项目通过数智化及"技术 + 管理"手段，截至目前为项目节省投资 1.495 亿元，节约工期两个月。项目为西部首个"电子信息产业近零碳示范园区"，重庆市重点工程、重庆市全过程工程咨询建筑师负责制首批试点项目、重庆市智能建造试点项目、第二届"全过程工程咨询服务十佳案例"项目，并获得"三峡杯优质结构工程奖"、全国 3A 标准化工地、三星级智慧工地等荣誉。

公司的"数智化全过程工程咨询"模式特色已经受到政府、行业和业主的

关注和肯定，公司利用差异化的数智融合服务，实现了近年合同、营收和利润均保持在 30% 以上增长，许多全国的业主、设计企业、监理企业和造价企业主动联系来公司考察学习，2023 年 8 月，公司也成为受邀担任中国勘察设计协会全过程工程咨询分会副会长的全国唯一一家工程监理企业，也是重庆市唯一一家入选的工程咨询企业。

四、人才升级，长葆企业发展活力

同炎数智自成立以来，一直秉承人才是企业发展核心资源的管理理念。随着公司数智化转型和新型监理业务的开展，同炎数智开启了数智化监理人才的矩阵式布局，构建了一支高素质、强融合的监理人才队伍。采取矩阵组织形式，设立数智化事业部，使研发更贴近工程实际，让数字技术与业务充分融合，产生价值。通过数智化转型，企业的数智化能力赋能客户和项目，目前公司 100% 项目实现全数智化应用；同时，通过公司的"3i+T"培训体系实施，以及项目融合实践，大批员工实现了自身

的数智化转型，数智融合能力不断提升。2022 年，重庆大学主动联系公司，共同开发智能建造课程，提供实习项目，委派工程数智实践老师参与授课，通过交叉学科领域的校企合作，力争为社会培养更多的数智建造复合人才。

五、国际拓展，践行全咨发展初心

国家指出要逐步形成以国内大循环为主体、国内国际双循环相互促进的新发展格局。《国务院办公厅关于促进建筑业持续健康发展的意见》（国办发〔2017〕19 号），培育全过程工程咨询。鼓励投资咨询、勘察、设计、监理、招标代理、造价等企业采取联合经营、并购重组等方式发展全过程工程咨询，培育一批具有国际水平的全过程工程咨询企业。

同炎数智响应国家和住房和城乡建设部要求，积极拓展，利用领先的"数智化＋工程咨询"创新解决方案，为更多的海外客户和项目提供高质量的数智化咨询服务。2023 年 3 月，同炎数智已经成立了新加坡公司和海外（新加坡）

创新中心，目前已有项目正在谈判落地中，力争以新加坡为锚点，大力拓展东南亚、中东和欧美市场，输出更多中国建造的数智智慧，尽早成为一家国际一流的工程数智科技公司。公司也受邀参加了 CIOB 全球大学生创新论坛、新加坡南洋理工大学全球校友会论坛的专业分享。

以数智化创新为特色的全过程工程咨询，同炎数智在数智化监理业务中走出了一条差异化发展道路。公司经过近几年的数智化融合创新实践和高质量发展，受到政府和行业的极大关注，公司已获得"重庆住建领域数字化转型示范企业""重庆智能建造示范企业""重庆重点软件和信息服务企业""知识产权优势企业"等荣誉。未来，同炎数智也将继续秉承"创新、专业、服务"精神，坚持"国际本土化、本土国际化"做法，引进国外广泛认可的工程咨询理念和实践经验，结合中国行业特点，为客户和项目提供具有国际化水准的数智化融合服务。公司将继续创新探索，为行业和同行企业提供更多的数智化融合应用案例，赋能更多包括工程监理在内的工程咨询企业的高质量发展。

基于 BIM 的数智化管控平台在全过程工程咨询中的应用

陈世达　牟文波　范　芮

长春建业集团股份有限公司

摘　要： 全过程工程建设管理数智化平台是基于 BIM、GIS、IOT 等技术与工程全生命周期建设管理深度融合，打造工程全过程的信息模型、数据互通共享、集成应用、智慧决策和数字产品交付解决方案。通过 BIM 技术的方案优选、可视化分析、碰撞检查、日照分析、征拆量统计、施工方案模拟及可视化技术交底等深入应用，提高设计及施工的质量与效率，大大节约工程管理的成本。解决工程建设管理统筹难度大、业务链之间与 BIM 相互分割独立、工程技术与 IT 存在壁垒等行业痛点，打造数智建管、智慧工地，提高工程质量和效率，节约成本和资源，绿色环保，提供治理决策依据，奠定运维基础，赋能传统建筑业数智化转型升级，助力数智城市建设、产业数字经济发展。

关键词： 全过程工程咨询；BIM 技术；数智化平台；解决方案

一、政策及背景

国家发展改革委、住房和城乡建设部联合印发《关于推进全过程工程咨询服务发展的指导意见》（发改投资规〔2019〕515 号）中明确指出，在房屋建筑、市政基础设施等工程建设中，鼓励招标代理、勘察、设计、监理、造价等单位进行全过程咨询服务，满足建设单位一体化服务需求。明确应利用 BIM、大数据、物联网等现代科学技术提高行业信息化应用水平，推动行业高质量发展，为全过程工程咨询提供保障。《工程咨询行业 2021—2025 年发展规划纲要》中也指出"充分利用新技术手段，加快推进行业数字化转型发展"。公司以此为契机，积极开展全过程咨询服务。

多数工程咨询企业引用的数字化管理方式为单项模块咨询业务模式，虽然提升了部分工作效率但是无法与其他工程数据互联互通，难以真正发挥数据价值。公司紧跟市场发展需求，利用数字化的手段解决咨询服务中存在的业务链分割数据孤岛、全过程建管碎片化、缺乏共享、统一的数据支撑等问题。

二、BIM 技术的应用

（一）BIM 协同设计

在 BIM 的设计过程中，各专业设计工程师可以在同一平台上建模，模型随时在云端调取，BIM 设计师可以通过更新模型实时检查设计冲突，不必在设计结尾时再协调解决存在的问题。各方最终整合成一个工程模型，有利于各专业之间互相协调，能及时有效地解决设计过程中遇到的问题和冲突。

（二）BIM 正向设计

利用二次开发的软件，进行 BIM 模型的正向设计，并通过 BIM 模型辅助设计出图和计算工程量。模型与图纸及工程量联动，大幅提高工作效率及设计质量。

（三）BIM 模型应用

1. 方案比选

利用 BIM+GIS 技术，生成方案模型，通过方案模型进行方案比选，确定最优方案。

2. 可视化分析

通过 BIM 模型，查看匝道出入口是否合理，视距是否满足要求。

3. 碰撞检查

利用 BIM 模型，检查各专业之间、管线之间是否有碰撞。减少设计中的"错、碰、漏、缺"，提高设计质量。

4. 日照分析

利用 BIM 模型，对建筑等进行日照分析，提升设计方案的质量。

5. 征拆量统计

利用 BIM+GIS 技术的可视化和量测功能，可以直观反映现场征拆的面积，阳光透明，做到阳光征拆。

6. 施工方案模拟

利用 BIM 的可视化功能，对施工方案进行模拟，直观展示施工方案，最终确定最优方案。

7. 可视化技术交底

利用 BIM 技术的可视化特点，对施工进行技术交底，使现场的施工人员更加直观地了解施工工序、工法及工艺，提升施工质量。

8. 导行方案模拟

利用 BIM+GIS 技术，对导行方案进行可视化模拟，通过不同方案的对比，确定导行的最优方案，大幅提高方案确定的效率，使市政工程项目对城市居民的出行影响最小。

9. 管线排迁方案模拟

通过 BIM 模型的建立，分析各专业管线之间的位置关系，避免排迁造成的管线碰撞。

三、全过程数智化管理平台的应用

平台是基于 BIM、GIS、IOT 等技术与工程管理深度融合，打造全过程的集成应用、数据共享、智慧应用平台。平台由数字沙盘、指标看板、智慧监测、现场航拍、决策展示功能和在线协同办公、设计管理、质量管理、安全环保、进度管理、造价管理、合同管理、试验管理、资料管理、业务管理功能组成。

通过数字沙盘和现场航拍，将现场真实情况与虚拟工程模型结合，真实且直观地反映工程情况；智慧监测展示对现场的感知和监控，为智能决策提供依据。

质量、安全、进度、造价、综合指标看板对项目各个方面实时进行分析、及时预警，打造智慧工地。各业务模块数据实时与 BIM 互联互通，互相流转，形成完整的数据链条和数据模型；通过在线协同办公、设计管理、质量管理、安全环保、进度管理、造价管理、试验管理、合同管理、资料管理功能和移动端，系统自动采集数据，实时记录、留存、汇聚、分析、计算、共享。

（一）业务管理功能

1. 在线协同办公

提供一个综合办公门户，包括对决策阶段、设计招标及设计阶段、工程准备阶段、施工许可阶段、交竣工验收阶段、运维阶段的文档管理、会议管理、文件报审管理、公文管理，实现工程项目参与者之间的实时沟通、信息共享、任务协调和决策支持的功能。

2. 设计管理

提供设计成果、设计变更、施工工艺、设计交底功能。实现设计成果在线共享，提高设计协作的效率和质量，通过平台对设计变更的申请、审批、执行、记录等过程进行管理，保证设计变更的合理性和可追溯性。

3. 质量管理

提供质量验收、工作记录、质量台账、质量指令、事故处理功能。移动端内置清单库与 WBS 同步，移动端选择工序后，系统自动生成检测任务，数据采集后系统实时自动记录、分析、评定、预警。

4. 安全环保

提供安全环保管理、工作记录、安全环保台账、安全环保指令、事故处理功能。系统内置了风险、隐患库、危大工程清单，实现移动端巡视检查、危大工程巡视和旁站；系统自动对安全隐患、整改结果进行分析预警，形成闭合管控，明确谁来管、管什么，确保问题得到有效解决。同时，关键指标通过大屏看板展示。

5. 进度管理

由编制及审核进度计划组成，通过自动采集和报表实时记录进度，与计划进度模拟对比，实时展示进度动态并对延迟进度进行预警、纠偏。

6. 造价管理

以工程量清单及清单变更管理为基础，同时与质量报验和进度统计实时关联，实现线上申报、审批、支付、变更、结算及统计分析等功能，自动形成台账，解决超计、漏计、重计、错计等问题。

7. 合同管理

由合同签订、文件管理、变更管理、履约管理组成。履约检查是通过智能芯片、整合人脸识别、电子围栏等智能采集设备，对要求承诺进场人员、机械、试验检测仪器等进行动态监管。

8. 试验管理

包含样品管理、设备管理、资质管理、试验检测、汇总评定等内容。系统与质量模块密切关联，通过移动端 APP 采集、PC 端的编辑录入或智能体系数据采集等方式，自动计算、自动完成报告。

9. 资料管理

依据交竣工管理办法及资料管理相关规定，建立完整文件库，定制标准目录，录入的文件和系统生成资料（包括各种记录、整改过程追踪、待办事项提醒、过程通知、日志、检查资料、验收资料、评定汇总等）自动归档到相应目录中，一键快速组卷交、竣工资料。

10. 移动 APP 功能

基于平台设置及实际需求，为解决以往管理工作的纸质记录、口头表达等传统、烦琐、易丢失的管理及整改方式，手机 APP 系统设计了如下功能：

（1）在线协同办公：与 PC 端互联互通可随时查看任务、通知、新闻、考核等相关信息；提供移动任务上报及函件的受理及审批；对相关人员的履约情况进行有效管理。

（2）报验巡检：包括质量报验、质量巡检、安全巡线、环保巡检等方面。用户选择工序后，自动生成检测任务，通过手机 APP 自动发送对应任务到技术员、测量员、试验员等。填报完成后，系统自动汇总生成检表、台账。

（3）查看功能：手机端支持电子沙盘、现场监控及资料库查看功能，方便各参建单位实时进行动态管控，确保监管的及时性。

（二）决策展示功能

1. 数字沙盘

将设计阶段建立的 BIM 模型及无人机倾斜摄影测量构建的实景模型，轻量化整合进入平台中，直观展示项目及周边环境情况。基于 BIM+GIS 技术可分析性，可进行方案比选、视域分析、天际线分析、日照分析、征拆量统计等功能。同时 BIM 模型与业务数据实时关联，可以直观查看施工进度及关键指标（图1）。

2. 指标看板

直观展示质量、安全、进度、造价、综合等现场管理需要的关键指标，所有展示数据均与业务管理功能实时关联，经业务管理功能汇聚、整理、分析，展示在指标看板上，实时进行多层次、全方位、可视化场景展示、指标分析、评估及预警（图2）。

3. 智慧监测

基于物联网技术，接入现场监控及智能设备。

（1）现场监控：实时查看施工重点位置及场站情况，同时基于人工智能技术，对现场人员未穿反光衣、未戴安全帽等不安全行为进行智能识别，及时预警、处理，杜绝安全事故发生。

（2）环境监测：实时展示现场温度、噪声、风速、空气质量，做好现场文明施工管理。

（3）高支模监测：实时展示在混凝土浇筑过程中和浇筑后一段时间内的应力、沉降、位移等参数，对其进行实时监测，及时反馈高支模支撑系统的变化情况，预防事故的发生，保障工程质量和人员安全。

（4）塔机监测：实时采集和展示塔机的吊重、变幅、高度、回转、风速等数据，对司机进行身份识别，对塔机间和建筑物的干涉进行防碰撞预警和自动制动控制，对违规操作进行智能报警。

（5）智能路基施工：智能压路机对碾压轨迹、碾压遍数等进行精准监控，通过这些物联感知设备，提高路基工程施工质量。

（6）智能路面施工：路面材料造价高，路面摊铺厚度误差控制严格，过程难以控制，厚度监测需现场破坏取芯检测。依据卫星定位，结合物联网、大数据等最新技术，从沥青混合料拌合、运输、路面碾压等全流程智慧监控，有效提高施工质量，避免返工。

4. 现场航拍

每周更新一次现场航拍，直观展示现场近期施工动态。

（a）人民大街出口改移工程

（b）世纪大街快速路工程

图1　实时查看施工进度

（a）进度、造价管理

（b）质量管理

图2　直观展示各关键指标

四、特点及价值

（一）由服务模式向产品属性转变

普遍信息化解决方案是以 IT 为主 + 工程，是服务模式转变；本方案是以工程为主 +IT，使工程技术与 IT 深度融合，解决工程与 IT 壁垒痛点，真正实现降本提质增效防患，助力数字城市建设。

（二）实现全过程数据互联互通、集约一体化

基于一个平台、一个模型、一个数据架构原则，整合网页端、移动端、BIM 模型，实现数据互联互通，解决传统业务链分割、建管碎片化、数据孤岛等问题。

（三）提升对场景感知和智慧决策能力

基于 BIM、GIS 场景数据融合及轻量化技术，实现大规模数据快速加载，实时进行多层次、全方位、可视化场景展示、指标分析、评估及预警。

（四）打造智慧监测、智能建造

通过物联网、云计算、AI 等技术，多源异构数据融合智能试验、智能场站、智能路基施工监测、智能路面施工监测、预应力张拉压浆监测、隧道施工安全监测、环境监测、高支模监测、边坡监测等，对难以管控、隐蔽场景准确有效进行质量管控、隐患排查，降低安全事故。

（五）由事后验收转向过程管控

移动端内置知识库与 WBS 同步互联，分部工程质量验收与建设过程实时关联，自动生成验评结果，信息一次采集、自动归档、一键组卷、快速追溯。

（六）一个模型贯穿始终

设计阶段：利用模型可以进行方案比选、可视化分析、碰撞检查、征拆量统计以及优化设计等应用。

施工阶段：利用模型进行技术交底

模拟、导行方案模拟、排迁模拟以及施工进度及造价管控应用。

竣工阶段：利用交付竣工 BIM 模型和平台的竣工资料，为运维奠定基础。

（七）实现新城智慧建设和精细治理

项目级平台数据 BIM 数字模型导入可视化城市空间数字平台，共同开展精细治理，包括环保建管、管网监测、应急智慧、智慧城管等城市病治理。

（八）对接 CIM 平台，构建智慧城市数字底座

城市空间数字平台对接城市信息模型（CIM）平台，与公共数据和社会数据等各类感知数据进行深度融合，推动智慧化运营和立体治理，实现城市全要素数字化、城市运行实时可视化、城市管理决策协同化和智能化。

本平台应用在人民大街出口改移工程、世纪大街快速路工程、长春经济圈环线二期等 10 余个项目中。项目涉及公路、市政、景观、房建工程等行业。自主研发的基于 BIM、GIS、IOT、AI 等技术的全过程工程数智化平台，为开展全过程工程咨询业务提供保障。经济效益方面：工程管理效率提升 50% 以上，工程设计建设效率提高 20% 以上，人工成本降低 30% 以上。社会效益方面：改变传统模式，促进产业数字化转型和创新发展；智慧监测提升了对难以管控现场的感知监控检测能力，减少安全质量事故发生；实现上下游数据价值链端集成，数据高效流转。

五、总结及展望

企业数字化转型要根据自身个性化需求进行定制研发，普遍信息化解决方案是 IT+ 工程，是服务模式转变，以工程业

务为核心 +IT 深度融合，是产品属性的转变。全过程工程数智化平台通过云平台集成 GIS、BIM 以及 IOT 技术，基于公司 20 多年在行业领域的深耕，基于管理思想和专业知识经验的总结，解决了以往检查项目不明确，表格样式不统一，影像信息采集不标准，检测数据不真实，工程进度、造价数据不准确，管理标准混乱，人员职能权限混淆等问题；实现了以一个平台为依托，以一套科学化、标准化、规范化的数据流程体系为依据，以一套互联互通的 BIM 模型为参照，为工程的不同主体提供相应的管理支撑数据和分析模型，全面提升了工程项目建设各阶段管理工作的效率和质量。通过数据快速流动降低交换成本、扩大交换半径，并产生全生命周期消费，从而增加社会经济活动。平台通过人、机、物、系统等的全面链接，构建起覆盖全产业链、全价值的全新建造和服务体系，为建筑产业数字化、网络化、智能化提供实现途径。

在项目的使用过程当中，也存在了一些问题，比如项目参加者业务能力和水平参差不齐、现场施工单位有抵触情绪、监理管理过程中需要更加细致等。

随着科学技术的不断进步，大数据、云计算数据处理的优势不断提升，工程交付逐渐转换为数据化交付的趋势也随之增加，工程的数字化成果价值也将进一步深化。建设模型与物理实体间信息的交互融合将为大数据分析、方案比选、预警决策、问题分析、运维养护等方面扩展及开发更多的应用以及方案，为 CIM 建设理念提供全要素、全场景、全生命周期的底层建设数据支撑。未来将是地下一座城、地上一座城、云中一座城，做到过去可追溯、现在可感知、未来可推演。

五洲顾问的监理数智化探索

蒋廷令

五洲工程顾问集团有限公司

摘　要：面对建筑业高质量发展的总体要求，结合监理行业目前存在的痛点和瓶颈问题，五洲工程顾问集团立足问题导向，探索数智化赋能传统业务，实现"人治"到"数治"业务场景和服务模式升级的新路径，并在前端作业标准化、执业工具智能化、管理场景后台化、协同管理高效化、项目成果数据化、风险控制体系化等方面进行了软件平台的开发和硬件设置的应用，为监理数智化转型发展积累了相关经验。

关键词：数智化；软件开发；探索

一、数智化探索背景——行业现状

（一）建筑业高质量发展提出更高要求

建设需求高端化、多元化；建造过程工业化、智能化；建设管理标准化、数字化；建设成果低碳化、智慧化。

（二）监理行业的痛点和瓶颈

1. 以人为本，传统线下粗放式管理仍是主流，业主点人头成为一种无奈的需求和约束手段。

2. 从业人员素质参差不齐、履职能力普遍不足，仅靠个体很难满足日益复杂的管理需求，尤其高大难尖新和急难险重项目增加，更难以满足业主期望。

3. 企业成本越来越高、利润越来越低、风险越来越大，且与企业规模成正比。

4. 管理模式传统、信息沟通不畅、运行效率低下，企业承接的项目越多、跨度越大，管理难度几何级增加，企业难以实现规模量级增长。

5. 管理资料不全、归档不及时、问题不闭合，导致企业管理成果难量化、管理痕迹不透明，监理价值难体现。

6. 数据碎片化、经验难沉淀、标准难复制，宝贵资产系于个体作为。

7. 在新形势下，传统监理工作方式将难以满足行业主管、监管部门以及建设单位不断提升的要求和期望，监理工作成效需要能级提升。

（三）五洲数智化探索目标

对内通过以练代培的方式，快速培养五洲自己的优秀监理人才，实现资料成果沉淀、优秀案例/做法收集、沉淀企业数据资产。对外坚持回归监理初心、改变监理现状、发挥监理价值。以上目标迫切需要创新方法、颠覆传统，而数智化很可能是有效的方向和路径。

二、五洲顾问的数智化探索思路/逻辑

核心思想是：实现从"人治"到"数治"的升级。具体表现在以下六个方面：前端作业标准化、执业工具智能化、管理场景后台化、协同管理高效化、项目成果数据化、风险控制体系化。

（一）前端作业标准化

以数据为基础，场景为导向，细化前端作业流程、环节；通过规定动作的程序化、标准化实现前端作业的提质增效；统一流程、统一动作、统一格式、统一模板，用来指导和规范日常工作。标准化的工作，可以提升员工综合业务水平，强化其质量安全管理能力，也使

工作效率有了极大提升，真正实现了利用数字化平台为项目管理高效赋能。

例如，传统监理工作开展的模式是总监理工程师组建团队分解任务，各专业监理工程师按照职责进行相关工作。数智化模式则变为线上任务派发，总监将监理工作任务分解并派发给专监或监理员，专监或监理员以完成工单任务的形式来完成工作。

（二）执业工具智能化

尝试大量使用视频监控设备、传感设备、扫描设备、语音设备、智能穿戴设备等新型物联网工具和信息化手段，逐步解放现场执业人员双手，简化现场人员工作，解决部分数据录入的问题，提高后台监管的质量。

以验收工作为例：

传统模式下专业监理工程师，无论在进行安全验收，还是质量相关验收之前都需要先熟悉验收标准和程序，并且了解本次需要验收的对象的规定和要求，还要准备验收用的工具和资料表格。在验收过程中，既要在资料表格上记录验收的测量数据，又要通过手机或者相机等工具进行拍照记录。

数字化模式下，一个监理只需要一台 AR 眼镜就可以完成验收工作，总监会把每天需要验收的内容通过平台下发到监理的 AR 眼镜上，监理直接打开眼镜就知道需要完成的验收任务，打开任务，眼镜会展示当日需要验收部位的定位、验收规范和要求，并且眼镜内植入了验收的标准流程和标准动作指令，当监理进行每一项检查时眼镜会告知该项的标准是什么，同时当监理需要拍照或摄像时只需要语言指挥眼镜拍照／摄像。当验收过程中发现问题，监理可以直接用语音录入的方式进行文字输入。当监

理通过 AR 眼镜完成验收后，系统自动分析验收步骤采集的数据直接生成验收报告。

（三）管理场景后台化

通过前端执业工具智能化，为后台解决"眼睛、耳朵、鼻子"的信息传递问题，让真正懂行的后台专业工程师能够实现远程发现问题、监督整改、解决问题，从而提升现场专业能力和服务效果，实现从现场"一双眼＋一颗人脑"，到后台"多双眼＋总部大脑"的管理场景后移，实现"前端输信息、后台断问题"的应用新场景。

同时该场景的实现可以减少前端人员的派驻数量，改变对驻场人员原本严格的专业限制，让不懂专业的人也能工作，逐步实现"少前端，加智能，专后台"的新模式，彻底变革传统监理服务模式，逐步提升监理服务价值，最终目标是探索"无人监理"模式。

以后台远程巡检为例：

传统监理模式下，会在公司后台组织一批专业技术团队定期去各个项目现场进行抽查，作为现场监理的补充，帮助项目部发现日常忽略的问题。因为项目部分散在全国各地，且项目数量较为庞大，所以只能做到每年每个项目轮一次，且专业后台的差旅成本非常高。

通过数字化监理，公司为项目配备了固定"眼镜"AR 球型鹰眼全景摄像＋机动"眼镜"无人机的方式，既可以远程看到项目的全貌，也可以近看项目的每个细节。建立了后台远程巡检的模式，后台通过摄像头可以随时检查项目主体阶段的施工情况，当室内装修阶段后台通过无人机检查内部施工情况，并且后台发现问题，直接在平台上登记一键下发至项目经理。这样大大提升了项目的

检查效率，目前公司能做到 1 个月所有项目就能进行一次线上巡检，而且大大降低了人员的差旅成本。

（四）协同管理高效化

支持多分公司、跨地域的办公模式和移动办公；做到计划协同、进度协同、资料协同、质量协同、安全协同、资金协同；通过敏捷协作、多方协作、智能赋能的协同能力，实现进度的计划到实际、文档的编制到审批再到最后成果定稿、资金的申请到支付的全流程在线，确保全流程的安全和可视化，由此产生端到端数据流的真实性、准确性、及时性。

以项目进度管理为例：

项目进度计划作为项目管控的关键依据，项目计划编制分为三层：第一层为总控制进度计划；第二层为编制分专业控制进度计划；第三层为编制每个专业的实施计划。

传统模式下，项目经理根据项目合同要求组织编制总控制进度计划，通过项目会议的方式把总控制计划传递给各专业，给各专业下达具体的工作要求和安排，并且要求各专业根据实际情况制定符合要求的专业控制计划，接着由各专业分头制定专业控制计划，再由各专业牵头人组织会议把各专业控制计划传递给具体实施团队，下达对各实施团队的工作要求和安排要求，实施团队编制具体的实施计划。

由于互相独立编制，导致后期很难整合成一个总计划。又因不同人往往只编制某一层计划，导致计划调整时经常出现信息不同步，关联计划没有及时调整。即使及时调整，线下一层一层的沟通，效率低下。当一个项目每个层级计划都有多个版本后，计划根本无法对应

关联，最终导致调整代价非常大。

数字化模式下，平台首先统一了计划模板，并且植入了20+不同工程类型计划模板，500+实际项目计划案例，可以一键调取，帮助项目参考编制自己的计划。同时平台自动建立三层计划的分解逻辑，先由项目经理编制总控计划，并且根据总控制计划自动分解专项控制计划，控制各专业在总控制计划之下协同编制专业控制计划，由专业控制计划自动分解实施计划，再由实施计划指导每个人的月、周计划，并且平台自动把所有分级计划汇总整合成总计划，任意专业调整时及时对整个计划进行调整，确保计划保持最新，并且平台还记录每个版本调整的内容，可以供项目随时调取查看差异对比。

（五）项目成果数据化

通过标准化、智能化、后台化、协同化等，平台对项目日常管理过程中每个环节的数据进行抽取、加工、分析，让项目管理过程资料、最终成果沉淀下来，通过二次梳理、分析、加工形成可复用、可推广的价值数据。

对客户而言，公司给客户提供了一套业主端项目可视化看板，展示项目的基础信息、进度、招标、投资、现场实景、现场管理等专业的信息数据，以及在各个专业公司输出的咨询成果，便于业主远程全面掌控项目动向，提高服务满意度。

对企业而言，能够形成完善的项目业绩库、合作伙伴库、人员资源库、医院项目咨询成果库、招标模板等数据库，满足项目成本分析、商务投标分析、竞争对手分析等决策需求，进而实现从卖服务到卖数据的产品升级，实现向高端

咨询服务迈进的企业目标。

（六）风险控制体系化

依托数智化管理平台，构建全方位风险防控体系：

横向——覆盖进度、质量、安全、资金、合同管理各个模块。

纵向——建立各专业风控模型，设定预警规则，打通预警链路，实现及时有效监管。

通过平台1.0的试用，发现后台风险检查效率提升100%，风险问题发现量提升200%，同时有效响应了集团"清廉五洲——数智促廉"的监管要求。

以危大工程管控为例：

传统模式下总监线下通过查阅规范，识别危险源，纸质登记造册。危大日常管理过程，主要体现在纸质表单登记的巡视记录中，项目部对危大工程的管理质量主要取决于经验丰富的总监，且经验复制慢，造成危大工程管理无序，对重大风险问题的发现容易造成遗漏，即使发现了问题对问题的跟踪闭环依赖于人的责任心，且企业的标准化管理模式，以及风险识别的意识和风险防范的措施靠人对人传递，无法保证质量。企业为了减少风险不得不在后台组织质量安全监管中心对项目部的危大工程监理过程进行定期抽查，以保持项目部警钟长鸣，但是人为的监管始终无法做到百分百覆盖。

数字化监理模式下，通过平台把工程项目管理涉及的10多类项目下的50多个危大工程的管控体系植入程序，通过程序输出每个危险源的标准管控流程、标准检查动作，标准检查表单，即指导项目部按步进行监管，确保项目部按公司规范要求对每个步骤进行监理。同时

程序内置了一个风险监控模型，把公司原来的线下质量安全监管中心变成24小时的机器人，通过机器人24小时不停地检查项目部的危大工程监理工作情况，及时发现问题预警纠偏，保证项目部保质保量地完成监理工作。

三、五洲顾问的数智化探索收获/体会

（一）数智化收获

1. 成功打造"1+2+3"天目数智产品体系：对内助力企业项目提质增效，对外赋能业主和同行。

2. 服务能力升级：同类项目经验复制、管理标准平台式植入、前后台多专业系统协同、预判预警机制助力，提升客户满意度。

3. 业务模式升级：提升生产率、提高敏捷性、提高响应力、提升风险防范能力。

4. 数据资产变革：积累数据资产，助力现有咨询业务赋能，助力新业务拓展。

（二）数智化体会

数字化是一个持续的投入，并且需要结合企业的实际调整战略定位；数字化除了有高层的指挥，还需要组织的配套；数字化需要自上而下达成共识：规划、需求、痛点、应用技术、功能、实现路径与策略；数字化落地需要强有力的保障措施，且不同阶段措施应该不同；数字化的果实需要时间沉淀；数字化不同阶段目标不同，不是所有的阶段都可以降本增效。先解决管理之乱，再解决技术之乱，最后解决数据之乱，才能实现真正的降本增效。

质子医院"鲁班奖"监理控制关键技术研究

顾申申

上海市工程建设咨询监理有限公司

摘　要：本文针对合肥离子医学中心工程项目结构复杂、防辐射混凝土质量要求高等特点，通过对质子医院全过程监理控制，促使项目各项技术指标一次性达到质子厂家设备安装要求。

关键词：核医疗工程；数字化；大体积防辐射混凝土；BIM；"零"沉降；鲁班奖

一、引言

施工现场的建筑业是国民经济的重要支柱产业，正随着科技革命的发展而不断转型升级。数字化转型成为传统监理咨询企业实现高质量发展的必经之路。

我国目前的施工现场大多还处于传统的粗放式管理状态，本文基于合肥离子医学中心项目探讨了现代化监理咨询的精益化质量管控，为类似工程提供参考和经验借鉴。

二、工程背景

合肥离子医学中心工程项目是国内首个引进成熟质子系统治疗恶性肿瘤的医院，在项目建成后不仅每年可以帮助数千患者摆脱病痛，而且为我国核医疗长远发展和创新型国家建设提供有力支撑。

本项目总建筑面积33787m²，建筑高度23.2m。其中核心设备区（质子区）约4000m²，墙板厚度2~8.5m，为超长异形大体积防辐射混凝土结构。

三、质量控制重难点

（一）辐射屏蔽的建筑结构施工组织复杂

由于能量较大的质子束流的产生、传输和治疗照射，要求在一个密闭的环境下运行，以防止辐射泄漏。因此，质子区设计的结构形式有别于普通公共建筑的厚墙厚板的框－剪混凝土结构，根据招标方提供的信息，质子区板厚最大4600mm，墙厚最大8500mm，按以往经验，其结构形式较为复杂，且同一层板的板底、板面标高变化多样，且为连续、超长、钢筋密集的结构板。这给施工组织，特别是如何划分施工段，带来了困难。又由于要满足防辐射泄漏的功能，所以必须在质子区辐射屏蔽区域的结构施工缝处设置企口，而企口的形式、高度，以及与密集的钢筋的位置关系等的节点处理，需要符合辐射屏蔽的要求。如何合理设置、什么时候设置，混凝土浇筑后企口形状的符合性和保护等，这些施工工序的组织和实施，必须可行有效，也是参建单位需要认真研究的一个难点。

应对措施：

本监理方根据类似工程的经验和规范的要求，配合施工单位在制订质子区结构施工方案时，组织方案的研究和论证，针对结构的形式，综合考虑结构墙、板的荷载与承载情况、应力变化、钢筋的连接和布置、混凝土温差控制、一次浇筑量、施工缝的位置等各种影响因素来合理设置施工段；规定施工段的施工间隔周期；根据厚墙、厚板的构件形式，设置竖向或水平施工缝处的企口位置以及企口的形式；配置混凝土输送泵车的数量等；根据一次浇筑的混凝土方量和泵车数量组织安排劳动力及班组；组织所选定的特定原材料储备；研究规定检测和试验的方法；配置检测和试验的设备与工具；规定各类管道、管线、预埋件的预埋预留时机和配合等。这些施工组织的策划，都要按照质量目标的要求，根据现场工况和施工单位的自身能力和水平，进行精心策划，严格实施，实时监控和成果评定，确保结构的辐射屏蔽功能符合设计和使用的要求。

对每一段的施工，监理都应按照设计和施工方案的要求，检查方案的每一项施工要求和安排的执行情况，认真实施监理的每一个步骤，完整地满足设计和验收规范的要求。

（二）辐射屏蔽混凝土质量要求高，控制难

根据类似工程的经验，质子设备供应商对质子区的混凝土密度有具体的控制指标，其中，干密度须大于 23.5kN/m³，经过试配，要达到这一指标，混凝土湿容重必须大于 2440kg/mm³。又由于要达到辐射屏蔽的要求，混凝土浇筑后的外观质量要求混凝土裂缝宽度不得大于 0.2mm，且不能出现贯通的裂缝。因此，对混凝土水化热的控制，对浇筑后的混凝土各部位间的温差控制和温度变化速率的控制，对混凝土的养护等各方面控制，都是一个较大的重点和难点。

应对措施：

1. 必须研究并试配符合设计要求的混凝土配合比，包括必须选择符合密度要求的混凝土原材料，特别是骨料种类的选择至关重要；必须选择水化热低的胶凝材料，确定其在混凝土中的比例；必须合理选择外加剂的种类，研究其与胶凝材料的匹配性；必须研究并作出规定，符合要求的混凝土从出机、运输、入模、绝热升温、降温速率等各个温度控制指标和各部位间的温差控制指标，从混凝土自身性能着手，最大限度地满足裂缝控制要求。

2. 为了达到混凝土的各项指标要求，建议进行混凝土的足尺试验，选择本工程质子区最厚部位的结构尺寸，构筑混凝土立方体的大试件，并按设计图纸，将具有代表特征的管线复杂布置，融合到混凝土的大试件中去。以观察混凝土的温度变化情况、裂缝情况、密度情况、强度形成情况、养护的效果情况，以及密集管线与密集钢筋的关系处理结果和对混凝土裂缝控制的影响，并为后续正式结构施工积累经验和提供样板。因此，足尺试验是质子区结构施工前准备工作的重要一环。

3. 混凝土浇筑施工中，应根据方案的要求合理布置混凝土泵车的位置，根据连续浇筑的时间安排好施工倒班班组，按泵管数量和浇筑点，设置振捣的混凝土工，控制好分层浇筑的高度、回泵时机和距离。对每一车混凝土进行性能检测，包括坍落度、容重、入模温度等，要在混凝土生产和施工两端同时派驻监督管理人员，确保混凝土从原料进仓，到搅拌、出机，再到现场浇筑施工，全过程受控。

4. 要控制并避免混凝土有害裂缝的

出现，混凝土浇筑后的养护和温差控制也是至关重要的一环。在这一环节，首先要在前一节策划中，根据目标控制要求、天气条件、昼夜温差条件等因素，制订养护方案。在养护实施前，应贮备好充足的养护覆盖材料和设备。在养护实施中，应特别注意保温保湿覆盖的时机，根据测温的结果，在温升开始时实施，在里表温差有扩大趋势时，加强覆盖的密闭性，同时做好保湿工作。在混凝土降温时，应确保降温速率不大于 2℃/天。监理在混凝土养护期间，要对养护的覆盖状况进行巡视检查，对温度变化进行跟踪观察，发现有异常情况，及时督促施工单位按预先制订的方案采取有效措施，确保里表温差、表外温差控制在规定的指标范围内。

（三）建筑差异沉降控制要求严

本项目建成后为满足使用功能的要求，设计对建筑的差异沉降提出很高的要求，即每年每 10m 的差异沉降不能大于 0.2mm。在项目进入质子设备安装阶段，在质子设备安装和对齐后，不允许设备与建筑部分之间产生相对运动，否则，将影响束流设备的正常运行，这个控制标准远远高于常规土木工程的变形控制标准，这也是本项目需要实施控制的又一个重点。

应对措施：

1. 要控制差异沉降，建筑的基础工程施工是关键。一是要抓好桩基施工的质量，做好试桩工作，将试桩的结果数据及时提供给勘察和设计单位，以优化工程桩的设计要求。要在工程桩的施工中，严格按施工工艺规范、规程组织实施施工，监理方实施每一环节的检查、见证、验收。要对成桩进行严格的检测与试验，确保工程桩中的一类桩达到 95% 以上（这一指标高于常规的优质工程的要求）。二是要做好基础土层的加固工作，在取得地质勘测资料后，对施工区域的土层状况进行综合分析，采用针对性的措施对薄弱区域实施土层加固，使建筑施工区域的土层承载力强度均衡分布，避免产生后期建筑沉降差的隐患。三是要做好基础底板的施工，特别要做好桩的锚固钢筋与基础底板的连接，按照设计的基础底板的形式做好防水和混凝土施工。由于质子区的特殊要求，基础底板也将设计为厚板结构，因此，须按大体积混凝土的施工要求，进行施工和全过程跟踪监督。

2. 实施微变形的跟踪测量。对质子区的几个主要区域，如加速器室、能量选择系统区域、束流传输区域、质子治疗仓等，进行微变形监测。使用高等级、高精度的测量设备（一般采用精密数字水准仪、超高精度全站仪和激光跟踪仪进行一等水准测量），分阶段对预先布设的立体监测点进行监测，特别是设备安装运行阶段，需要按规定的时间间隔期对质子区域进行精准测量，提供测量成果，及时反馈给设备供应商，以对设备进行及时修正，确保设备安全正常运行。监理将严格按监测方案，定期通知、监督监测单位实施监测，并检查成果记录，做好检测单位与各方的沟通协调。在施工阶段，监理督促施工单位做好监测点的保护，确保监测顺利、准确地实施。

（四）管线预埋复杂，埋件位置精度高

在质子区，设备供应商应有一部分机架基座的预埋钢板，包括竖向的和水平的埋板，其精度要求为：横向小于 ±10mm，纵向小于 ±5mm，表面倾斜小于 2mm，这些预埋件既不能缺

漏，其安装精度又要达到规定的值，且混凝土施工后，必须保持其位置的准确性，因此，常规的预埋件定位方式和后道工序的施工方法已经不适用。

另一部分，质子区在厚墙厚板中需要预埋预留很多管线，包括效准管、风管、水管、电线管、气体管等，这些管线局部密集而复杂，且与钢筋穿插交叉，要求管线之间的间距达到 3D 以上，特别是在剪力墙中穿越，与受力钢筋的碰撞处理，管线支架的搭设方式和牢固程度，都给施工带来了困难。

应对措施：

1. 必须充分运用 BIM 技术，对埋件、管线的空间位置和管线支架、钢筋支架的搭设进行精准模拟，并在实际的施工中进行跟踪优化，确定可行的方案。

2. 由于管线和钢筋支架体系庞大，需要进行整体受力计算，并进行专家论证。

3. 必须对穿越剪力墙的管线洞口进行节点加固处理，在管道与支架中间增加橡胶垫缓解管道与卡箍的冲击，并对风管和冷却水管进行保温处理。

4. 对一些管口形状特殊的管线（如效准管）等进行模拟放样和现场预拼装（连同支架），经复核无误后，才能实施实际安装。

5. 对管线、埋板在预装后（最终固定前）进行 3D 扫描复核，即将 3D 扫描的结果与 BIM 模型进行核对，对偏差大于要求范围的管线进行位置校正，再进行加固处理。

6. 由监理方牵头，实施埋件、管线的联合隐蔽验收，各方事先拟定联合验收信息记录表，列出验收部位的管线、埋件的种类、规格、数量和位置，联合验收应记录验收的结果，且各方在验收

信息记录表上签字。

（五）微振动控制涉及面广

振动对质子治疗系统的质量会产生直接的影响，因此，对整体结构和技术建筑设备之间的相互作用有着严格要求，设备供应商和设计单位对振动的影响会提出控制标准，按以往类似项目的经验，振动控制按照建筑振动规范 A 类限定范围，且速率小于 100μm/s；在低频范围内的振幅要小于 0.01mm，并要求关注外部振源和内部振源，实施相应的隔振措施，而具体采用何种隔振措施设计不作规定，需要施工单位进行深化。施工方所采取的隔振措施是否有效，需要进行事前论证和事后检测，这是本项目的另一个控制重点。

应对措施：

1. 设备减振。应在设备招标采购阶段，对设备的噪声、振动频率等参数提出控制标准，并对设备基座的减振措施作出技术规定，确保所采购的设备符合振动控制要求。

在设备采购定型后，根据设备基础形式，由施工单位设计深化二次减振的措施，监理配合审核其可行性，并检查减振措施实施的符合性。

对管线、设备安装，要检查其稳定性和牢固性，对有介质运送的管线，优先采用低噪声的管线材质。

2. 建筑隔振。对设备机房和产生振动的区域，在隔墙和装饰层的设计及深化设计中，采用降噪和隔振设计，并予以实施。对产生较大振动的区域，如冷冻机房等，可以采用整体浮置地坪的建筑构造形式，最大限度地减小振动波的传播。

3. 外部隔振。须对项目外部振源进行模拟测试，通过测试结果判断外部振

源对本项目质子区的影响程度，并针对性地采取隔振措施，其主要措施是在室外工程的构筑物上设置隔振构造。对于不可移动的外部固定振源，应在项目设计阶段考虑设计隔振措施。

（六）局部高精度建筑外形尺寸控制难

质子设备系统由各个功能系统部件组装而成，质子束流传输线路的长度按治疗仓的数量不同而确定，且束流速度和精准度极高。为满足这些要求，对安装质子治疗设备的建筑地坪和墙面尺寸也提出了较高的精准度要求。其中，各仓室中心点之间的距离和中心点至墙面的误差小于 1cm，能量选择系统和束流传输系统的底座标高误差小于 5mm，束流传输线的建筑地面平整度误差小于 2mm。如此高的精度要求，有些已经达到机械加工的精度，这对建筑施工，特别是结构施工的精准度而言是一个很大的挑战。

应对措施：

要高精度地控制好建筑外形尺寸，做好结构施工是关键，而结构施工的精度在于模板安装的精度，对建筑结构地坪的平整度控制来讲，表面收光的处理方法很重要。在结构施工前，要运用 BIM 技术，对模板的方案，包括模板的支架及固定方式、模板的排列进行模拟，并实施优化。在现场施工中，要对模板的定位放线进行精准复核，对成形后的模板尺寸进行复核，同时运用 3D 扫描进行再复核，对模板固定的牢固程度和模板各个方向的尺寸进行检查验收。针对结构板的表面平整度控制，要设置硬式基准线，在浇筑前对基准线进行精准复核，在收光阶段，要参照基准线对表面进行多次抹压收光，收光完成后必须进行认真养护和保护。

（七）工艺冷却水系统调试难度大

工艺冷却水是质子治疗系统的一个关键设备系统，它贯穿于质子设备的各个主要功能设备，包括磁体和回旋加速器、能量选择系统、束流传输系统、旋转机架和固定束流设备、射频放大器、低温压缩机等，由于这些设备的热荷载不同，所需冷却水的温度控制值和精度也不同。其中，回旋加速器温度效准精度须达到 ±1℃，在系统调试阶段，在较短的时间内，调试结果要达到这个设计温度值及运行精度，有影响因素的不确定性，具有较大的难度，这是本项目的又一个难点。

应对措施：

要达到质子设备运行时的冷却水温度控制精度，首先必须在施工阶段把控好施工质量，包括电子元器件（传感器）质量、控制件及执行机构件的质量、管道设备安装质量及精度、系统控制软件的质量等。其次，要在系统调试前，控制好管路清洗质量，做好水质监测，在后期不同的阶段，要由大变小更换过滤网的规格，并做好保温施工。

在系统调试前，须制订详细的调试方案，选择有经验的调试人员，采用经检定合格的调试监测仪器设备。调试应分阶段进行，包括无设备水利平衡调试、冷却塔调试、冷水机组调试、热泵机组调试（含自带水力模块）、系统带设备带负荷调试等。应根据不同回路和交接点，按规定设置信号及温度控制值。各阶段调试过程须做好详细的记录，监理实施旁站，对调试结果进行见证。由于质子设备从启动到停止后，需要有一个较长的衰减期，此后才能对设备的硬件进行调整。因此，带设备带负荷调试应先进行模拟负荷调试，在正式负荷调试前，对各种不利因素进行充分的分析和预判，制订预案，应对调试过程参数的偏差分析其原因，采取纠正措施。对最终的调试成果报告相关各方进行签认。

四、实施效果

合肥离子医学中心工程项目监理通过数字化手段，对质子区质量控制进行事前分析、事中控制及事后管控分析，提升了质量精益管理能力，确保质子区一次性验收合格，并达到国际先进水平，本项目获得 2020—2021 年度"鲁班奖"。

上海迪士尼飞越地平线项目（"鲁班奖"）
现场质量与安全管理浅谈

董林林

上海华城工程建设管理有限公司

一、项目概况

上海迪士尼乐园作为中国第二个、亚洲第三个、世界第六个迪士尼主题公园，对促进经济发展、文化传播交流，塑造上海国际形象具有重大意义。

上海迪士尼乐园，是上海国际旅游度假区内的标志性景区，位于浦东新区川沙黄楼镇，坐落在上海浦东的上海国际旅游度假区中心，园区占地面积约 1.13km² 。园区北临迎宾大道（S1），西临沪芦高速（S2）公路，东临唐黄路，南临规划航城路。上海华城工程建设管理有限公司监理的"飞越地平线"项目（以下简称"飞越项目"）（AI 707）基地是独立地块，地势平坦，平均高程在 4.2m 位于主题乐园的东部，西北侧毗邻探险岛，东南接后勤服务区，项目用地面积 9205m²（图 1）。

飞越片区只有一个单体建筑，包括两个 4D 影院观众厅，一个游客排队等候区，一个园区配套卫生间以及疏散通道和设备用房，占地面积 5502.67m²，总建筑面积 6558.31m²，均为地上建筑（无人防和地下室），上部结构为钢框架结构，最高 24m，属于多层公共建筑（图 2）。飞越建筑耐火等级 I 级，屋面防水等级 I 级，设计使用年限 50 年。抗震设防烈度 7 级，基础部分为桩 + 承台 + 筏板。

本项目参建各方为建设单位：上海国际主题乐园有限公司；管理单位：上海一测建设咨询有限公司；设计单位：上海工程勘察设计有限公司；监理单位：上海华城工程建设管理有限公司；勘察单位：上海岩土工程勘察设计研究院有限公司；施工单位：中国建筑第二工程局有限公司。

二、质量管理

（一）本工程的重点、难点

1. 主干道及围墙紧贴飞越项目边界，施工区域狭小，现场临建设施场地不足，对施工现场平面布置、施工顺序和技术协调要求高。

2. 指定专业分包多、交叉施工多、质量责任临界点多，对总包管理要求高。

3. 安全文明环保施工要求高，本工程为国际大型主题乐园，其品牌具有极高的社会影响力，施工安全、文明、环境保护要求高，包括空气质量的控制、污水的排放控制、噪声控制、废物的处理等。

4. 钢结构比重大，本工程钢结构体量大、类型多、工期短、要求高。

5. 各类管线复杂，本工程各类设备及安装综合线路复杂，交叉点多。

6. 全球顶级的主题乐园，本工程拟建建筑物属大型主题乐园游乐设施，不同于常规工业及民用建筑，部分结构要求特殊。迪士尼特有的专利施工技术对施工人员素质要求高，主题建筑外立面造型多且复杂，零星钢骨架量大。

7. 需要组织大量有艺术感的工匠进

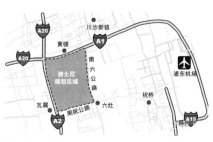

图1 项目区位

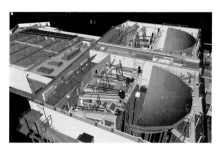

图2 项目规模

行施工。

8. 塑石假山雕刻及主题化喷绘聘请专业的艺匠，做好施工前培训，实行样板引入制，严格按业主要求施工。

9. 主题娱乐设施的布景安装以国外设备为主，参数规格相对较高。为熟悉安装说明书，组织外籍专家多次交流交底，并雇佣了有丰富经验的安装人员。

（二）质量管理的措施

1. BIM 的应用

BIM 不仅是一种工具，BIM 的应用目标是在整个建筑项目生命周期内整合各方信息，其在项目设计阶段能帮助设计师进行项目结构分析、可视化设计、可持续设计、精细化设计及设计协调；在项目施工阶段有助于三维管线综合、施工现场管理、工程量统计、预制件加工、4D 施工模拟、施工方案优化；在项目运营阶段能优化设备管理、物业管理、运营方案和应急预案。将这些内容都载入 BIM 数据库，将有助于项目参与各方更加高质高效地协同完成项目。

2. 加强业务培训

本工程质量标准均超过当地标准，与国际标准接轨。通过上海迪士尼项目的平台，监理部成员先后参加了坠落防护、脚手架、高空作业平台、国际劳工、工程保险、急救、区域安全监理、园区监理等各类专业、专项培训，提高了自身业务水平，熟悉了外企安全管理要求。结合相关学习培训，积极对后续加入本团队和施工方的成员进行宣贯和交底，并且学以致用，工作中深入施工现场巡视检查，加大监理监督的工作力度。

3. 样板先行制度

每个分项工程或工种（特别是量大面广的分项工程），都要在施工前做出示范样板，统一操作要求，明确质量目标，

经雇主认可后方可大面积施工。本工程主题娱乐元素多，均按规定的比例做成样本，经美方专业工程师确认后方可正式施工。

4. 加强分部分项工程验收制度

项目建设方建立了完整的质量验收保证体系，能够控制好施工中的工程质量，避免由于质量问题造成的返工。定期对管理人员进行质量教育，杜绝由于管理人员思想麻痹造成的质量事故。迪士尼独有的验收过程，需要各个参与工程部门人员签字，比一般涉外工程更严格。影院底板混凝土浇筑之前，需相关专业检查确认，前后共涉及 16 方专业部门签字确认。

三、安全管理

（一）安全是核心要义

牢记迪士尼的安全口号：安全从我开始，安全是每个人的职责。上海迪士尼项目的安全工作并不是传统意义上的安全，其中涵盖了安全、健康、环境、国际劳工标准及安保，涉及健康和安全管理的 3 级文件就有 35 项。这些文件具备很强的综合性，目的就是在项目建设过程中能合理调配要素得以共同落实，从而达到安全管理的愿景：拥有一个安全、包容、和谐的工作环境；没有人受伤，所有人都能平平安安回家；最大限度减少环境足迹。

（二）人员培训

华城公司飞越项目安全监督管理人员面对国际和国内结合的管理模式、外企的管理要求、全新的安全管理理念，通过迪士尼项目的良好平台，积极参加了园区组织的入场培训等各类专业、专项培训，提高了安全管理水平，熟悉了

外企安全管理要求。结合相关学习培训的成果，对后续加入本团队和施工方的成员进行贯宣和交底，也对提高项目现场安全监督管理效率非常有效。

1. 入场培训

参与上海迪士尼建设的人员均在接受相关法规宣贯和项目管理方要求的入职安全培训后，才可获得现场通行证开始现场工作，已通过入职安全培训的人员领取安全入职标签，该标签应粘贴到入场人员的安全帽上，在现场期间始终佩戴通行证。

整个项目有数万人次的工人师傅入场，在获得现场通行证前必须提交个人劳动合同及个人体检报告，这些强制措施很大程度上促进了我国安全生产法、劳动法等法律法规的法治建设，广大工人师傅对法律知识、职业健康的保障、工资的结算与投诉、个人防护用品的落实、基本的安全自我防护意识等方面有了更多了解。

2. 入场培训的基本安全要求

①进出施工场地穿戴合适的个人防护用品；②现场禁止吸烟，只能在指定吸烟点吸烟；③禁止喝酒吸毒；④禁止在现场打闹；⑤确保文明施工，干净的现场才是更安全的现场；⑥凭工作许可证施工；⑦高处作业的 100% 防坠落保护；⑧严禁试图掩盖及隐瞒事故。

3. 专项培训

特殊工作的所有人员（包括高空作业、热工作业、电气工作、吊装、移动设备操作及脚手架等）在办理相关有效的作业证书前需参加特种作业培训，通过书面测试后取得培训资质证书（帽贴）方能上岗作业。

（三）JSA/PTW/STA 的制度落实

对建筑施工企业来说安全生产的

主要载体是人和施工现场，想要做好安全管理"防"字当头，就必须从人和施工现场两个主要方面做好源头防范工作。针对"人"在安全生产中的行为防范工作主要包括安全责任、防范意识、安全生产知识等方面，而落实这些工作主要依靠全天候24小时服务中的JSA、PTW、STA等制度的具体监督执行，安全监督管理人员就是制度有效落实的监督者。在施工现场监督从严是对生命安全的尊重，执法无情是对每一位施工人员的真正爱护。

1. 工作安全分析（JSA）

工作安全分析也称为工作危险分析（JHA），是一种用于辨识相关工作危害的方法，是积极有效的现代安全管理方法的组成部分，可简便、系统性地按步骤指明实施工作中涉及的危害，针对危害情况制定风险消除或缓解措施，采取相应的控制等级，并就其结果形成书面文件用于此后的工作前会议及人员培训。

2. 工作许可证（PTW）

工作许可证，是开始施工作业前应取得的项目管理方、监理、承包商施工经理和安全经理授权签名的工作凭证，分为通用和专项工作许可证两种。必须在JSA工作完成后签发，并在施工现场存放，若现场条件发生变化或遇紧急情况，上述管理方可以取消并暂停作业，待作业区域具备安全条件重新检查合格后重新申请作业许可证。

3. 安全任务分配（STA）

安全任务分配，与我们通常理解的班组工作前的安全交底会相似，对上海迪士尼项目SHEILSS文化的推动以及减少事故的发生有重要作用。在工作前十分钟左右的互动环节中，管理/主管领导及工人必须完成一些任务，如根据

JSA找出细化工作中潜在的危害因素，确定工作的方法从安全完成工作、个人防护装备确认、工作组所有成员签字确认理解了安全交底信息等。

工作安全分析、工作许可证、安全任务分配三种表式必须张贴在现场的公示栏中，以便同级或上级管理部门随时核实检查（图3）。

（四）个人防护用品的使用

根据上海迪士尼项目招标文件第二册第六章第一部分的要求，各雇主的项目部门负责人，将负责其作业人员个人防护用品的免费供应、发放及更换，并记录发放和更换情况，该记录由各部门负责人保存和更新，并按要求提供给管理公司、监理或地方主管部门审阅。

1. 个人防护用品

在施工现场，当作业人员处在准许的"个人防护用品免用区"外时，均须至少穿着使用以下防护用品：安全帽、反光背心、安全靴/鞋、安全眼镜，这四件是进入现场人员必须要配备的基本个人防护用品。

2. 特种个人防护用品

根据危害确定情况，还需提供一些其他个人防护用品，包括但不限于以下各项：眼睛和面部防护、听力保护、手

图3 张贴公示栏

部防护、呼吸防护、坠落防护、救生衣/背心、潮湿天气保护用品、作业服装。

上海迪士尼项目禁用三点式安全带，必须使用全身身安全带，且安全带应有经认可的安全系索，且必须有缓冲包。安全带在使用前必须经过验收和贴标后方可使用。

（五）脚手架的管理

上海迪士尼现场脚手架上（包含移动式）三种不同颜色的挂牌（图4）：

绿牌表示由指定的脚手架检查人员在验收合格后悬挂，在绿牌脚手架作业可不系挂安全带。

黄牌表示脚手架是按照规格搭建的且可投入使用，但是由于某些不可回避的原因，仍然存在坠落风险，使用者在脚手架上工作必须100%系挂安全带。

在脚手架未搭建完成时，或检查发现有严重的安全隐患时需挂红牌，悬挂红牌的脚手架只有脚手架工才能上脚手架作业。

安全监督管理人员除审查特种作业操作证的有效性外，也对其是否经过迪士尼内部专项培训取得合格者帽贴情况进行核查。

本项目脚手架材料进场前承包商必须向监理公司提交脚手架材料申请检查报告，并提供生产厂家生产资质、质量合格证，法定检测单位的测试报告；脚

图4 三种不同颜色的脚手架挂牌

手架材料进入现场时，必须经过安全监督管理人员使用测厚仪抽查合格后方可使用，迪士尼脚手架专业安全工程师将在施工现场随时抽检。迪士尼项目的跳板全部采用钢跳板，架体上每层设置一组灭火器结合动火管理程序来监控架体火灾情况。脚手架搭设完成后，承包商脚手架工程师应进行全面自检，并填写自检验收单。承包商报监理单位及管理公司验收，合格后签发《脚手架检查验收单》，承包商脚手架工程师摘下"禁止使用"的红色标识牌，挂上"合格使用"的黄色或绿色标识牌。

（六）设备的标签系统

迪士尼飞越项目设备检查标贴每月换一次，由蓝色、黄、绿色轮换，不合格的贴禁止使用。

色标系统的适用范围：

①吊具：吊带、钢丝绳、卸扣、吊钩、捯链等；

②电气设施：电箱、电柜、电动工具、气动工具、发电机、空压机设备等；

③机动车：施工车辆、吊车、挖掘机、叉车等；

④消防及防坠落设备：灭火器、消火栓、梯子、安全带、生命线等。

（七）施工用电的安全管理

防爆插头的全面应用，规格电压分：紫色40~45V、黄色110~130V、蓝色200~250V、红色240~415V、绿色500V。采用防爆插头优点有：内嵌式触点，安全性高，不需要电工接线；防范一闸多机、虚接等违章作业；为挂牌上锁创造可行性；特别适合流动用电设备。

（八）挂牌上锁

挂牌上锁不仅仅是用电管理，还涉及设备的检查、检修、维护（润滑、清洁等）、调试、标定等，当员工身处危险部位时，都需要挂牌上锁，锁的种类也不是单一的。

小型开关锁作用：挂牌（tag out），使用挂牌来警告别人已经被隔离的动力源或者设备不能随便操作。上锁（lock out），用锁定的方式来防止有人随便操作隔离的动力源或者设备，直到维修结束，锁具移除。

（九）特殊施工设备的安全管理

1. 高空作业车

高空作业车是发达国家高空作业的首选设备，无论是室内建筑或室外多种作业环境；高空作业车广泛运用于工厂、建筑工地、造船厂、大型体育场馆等多种场合。上海迪士尼飞越项目在钢结构安装、游乐设备的安装调试、室外主体装饰等多种分部工程中使用高空作业车，

采用剪式高空车、曲臂高空车、直臂高空车三种车型运用在不同的工作环境中，有效降低了高处坠落事故的发生概率（图5~图7）。移动式应急照明车见图8。

2. 生命线和防坠器

生命线的检查要点：绳卡间距$6D$；使用镀锌钢丝绳规格12mm，不允许对接；两锚点间距不超过15m，中间处设置专用支托架，不超过2人同时处于2锚点之间；现场对生命线和防坠落平网进行200kg沙包冲击检测；水平生命线30°不允许使用防坠器，必须使用抓绳器（图9）。

弧形满堂架与移动架在屏幕安装阶段应配合使用，如图10所示。

（十）安全检查和领导参与安全监督管理

上海迪士尼飞越项目的日常安全监督时间与现场工人的工作时间是一致的。园区每天6：30上班，安全管理人员就要在工地监督各班组召开早班交底会，签发工作许可证开始工作；到22：00工人下班后，作清场核查。安全监督平均70%的工作是在一线现场，处于3班24小时施工状态时，驻场时间更长。

飞越项目安全监督每周安全工作计

图5 游乐设备钢结构安装中高空车的使用

图6 室内装饰封板高空车的使用

图7 机电工程风管安装高空车的使用

图8 租赁赫兹公司移动式应急照明车补充现场照明

图9 飞越屋顶钢结构及屋面板安装时生命线与 图10 屏幕弧形满堂架平台与移动架
防坠落平网的使用

划为：周一检查文明施工、通道、安全标示标牌；周二组织召开每周现场工人安全教育会议及核查个人防护用品；周三为每周专项现场安全检查及召开会议；周四进行脚手架和高处作业专项检查；周五检查用电安全、电气设备；周六检查大型设备、高空车；周日为本周安全问题复查及作工作总结。

结语

本工程于2013年8月1日开工，2016年4月19日完工。上海迪士尼乐园项目在2014年进入更加繁忙的建设高峰阶段，作为现场工程监理人员感到肩上担子沉甸甸的，但只有深刻认识到："人的利益高于一切"，不断更新工作思路，调整工作方法，努力提高自身管理水平，才能营造一个安全、多元化和相互尊重的工作环境，做到没有人受伤、每个人都能平安回家；最大限度减少对环境的影响。每一个监理人都是质量、安全生产的监督者、守护者！

关于 92.6m 超长钻孔灌注桩试桩的监理监控重点浅谈

姚 杰

上海海龙工程技术发展有限公司

摘 要：九龙仓苏州工业园区271号地块超高层项目的主楼工程桩试桩为92.6m超长钻孔灌注桩，桩径1m，桩端进行后注浆，设计要求的试桩单桩竖向抗压静载荷试验最大加载值为30000kN。监理根据本工程试桩的特点和难点，确定了监理监控重点，采取了各项有针对性的监控措施，重点监控关键工序，确保了试桩施工质量，经各项检测与单桩竖向抗压静载荷试验结果完全达到设计要求。

关键词：超长钻孔灌注桩；桩端后注浆；监理监控重点

一、工程概况

九龙仓苏州工业园区 271 号地块超高层项目总建筑面积 39.3 万 m²，主楼地上 92 层，总高 450m，地下 5 层，埋深 25m，自然地坪绝对标高为 +3.500m。主楼桩基采用桩端后注浆的钻孔灌注桩。

本次主楼工程桩试桩工程共施工 4 根抗压试桩（编号为 SZ6~SZ9），桩径 1m，桩长 92.6m，桩身混凝土强度等级为 C45（水下混凝土设计要求提高一级为 C50），均以 13 层土（粉砂层）为桩端持力层，并采用桩端后注浆工艺，桩端后注浆单桩注浆水泥用量为 1 根（SZ6 号试桩）3500kg、2 根（SZ7 号、SZ8 号试桩）5000kg、1 根（SZ9 号试桩）7000kg。锚桩桩径 1m、桩长 50.5m、桩身混凝土强度等级为 C40（水下混凝土设计要求提高一级为 C45）。竖向抗压静

载荷试验采用慢速维持荷载法，加载反力装置采用锚桩压重联合反力装置。图 1 和图 2 是本工程的效果图及现场施工实景图。

二、工程特点与难点分析

1. 设计要求的试桩单桩竖向抗压静载荷试验最大加载值高，为 30000kN。

2. 本次试桩桩身长度 92.6m，为超长钻孔灌注桩，桩径大，为 1m；设计

要求的成孔垂直度允许偏差要求高，为不大于 0.50%。

3. 根据岩土工程勘察报告，63m 以下至孔底的土层绝大部分为砂性土，造浆性能差，成孔后易缩孔、坍孔，如何正确选用钻头、控制好泥浆性能指标及钻孔钻进速度，并做好泥浆护壁是重点。

4. 由于桩径大、桩超长，如何做好过程除砂及一次清孔，是控制桩底沉渣厚度的关键。

5. 根据岩土工程勘察报告提供的桩

图1 工程效果图

图2 施工现场图

侧极限摩阻力及桩端极限端阻力进行计算，试桩的单桩竖向抗压极限承载力为16900kN，而设计要求单桩静载荷试验最大加载值为30000kN，不足部分均通过桩端后注浆来达到，因此，桩端后注浆的施工质量显得十分关键。

三、监理监控重点

钻孔灌注桩施工有两个方面的特点：一是施工过程受人为因素影响较大；二是施工过程的隐蔽性较强，下道工序易覆盖上道工序的施工结果。因此，钻孔灌注桩的施工必须对每道工序进行严格的质量控制，上道工序验收合格后方可进行下道工序施工。

项目监理组根据本工程试桩的特点，有针对性地编制了钻孔灌注桩监理质量监控实施细则。监理工作除了参加设计交底提出监理意见、审批施工单位及检测单位资质、审批施工组织设计（方案）、测量复核、原材料质量监控、主持工程例会及专题会议解决施工中各类问题，以及按照《钻孔灌注桩监理质量监控实施细则》，对施工过程实施巡视检查及重要工序进行旁站监理和各项见证检测和抽检，如桩的定位复核、护筒埋设、钻头直径及保径装置、钻机就位、成孔过程、一次清孔、成孔深度、钢筋笼制作及安装、注浆管（兼声测管）安装、下导浆管、二次清孔、沉渣厚度、水下混凝土灌注（包括混凝土初灌）、桩端后注浆、桩帽制作、桩的检测及试验等监控工作外，特别将下列工作作为监理工作的重点。

1. 根据设计图纸要求及岩土工程勘察报告，认真研究分析本工程试桩的特点、难点，落实有效监控措施并提出合理的建议：

1）第一个试成孔在钻进过程中，虽然使用除砂器改善了泥浆性能，但泥浆黏度只有18～19s，监理建议采用膨润土进行人工造浆。

2）由于孔深63m以下至孔底的土层极大部分为砂性土，易缩孔、坍孔，监理建议除了加大成孔时泥浆黏度，在加接钻杆前，先进行上下扫孔，有意加大缩孔部位的孔径，留有缩孔余地。

3）根据第一、二个试成孔钻头直径在成孔后磨耗2cm大于第一、二个试成孔下部的缩孔量估算，建议适量加大钻头直径至1080mm，腰带直径放大到1050mm，腰带上保径装置采用合金块。同时，由于63m以下至孔底部位发生缩孔，建议采用钠土造浆，再加大泥浆黏度以减小缩孔量。

2. 对成孔垂直度的监控

1）为确保成孔垂直度达到设计要求的不大于0.50%，监理建议钻机选用扭矩大、稳定性好的GPS18型钻机或GPS20型钻机作为设备保障，实际工程采用了GPS20型钻机。

2）对钻机就位的检查。在钻机就位后监理检查底座水平度、底座下土体是否密实，钻机必须固定稳固、机架必须垂直，确保了开钻及钻进过程中不因钻机晃动或倾斜而产生钻孔偏斜。

3）钻杆检查，开钻前对所有钻杆进行检查，剔除弯曲钻杆，同时对所有钻杆两端的法兰进行检查，严禁使用与法兰相互不垂直的钻杆。以防止钻进时因钻杆不垂直而使钻孔倾斜。图3为开钻前监理检查钻杆。

4）钻速检查，控制开孔钻进时的钻进速度，做到减压低速。易坍孔土层应慢速钻进，防止扩孔太大使钻进时钻头偏离方向。

通过以上监控，最后4根试桩的成孔垂直度达到0.20%～0.29%，均满足了设计要求的成孔垂直度不大于0.50%指标。

3. 对泥浆护壁及孔底沉渣厚度的监控

成孔过程中适当控制泥浆指标对于孔壁稳定和成桩质量至关重要。泥浆黏度过高虽然对孔壁稳定有利，但会影响成桩质量，还会影响成孔速度，且易发生糊钻；泥浆含砂率过高，对孔壁稳定和清孔不利，影响沉渣厚度达不到要求。因此，在成孔过程中必须排除多余的超标泥浆，稀释泥浆使其保持在适当的指标范围内。另外，成孔时孔内的水压力必须大于孔外的水压力，保持泥浆液面高度稳定对于孔壁稳定也十分重要。

1）对成孔过程中保持泥浆液面稳定的高度控制在不低于孔口以下0.3m，实际上成孔中泥浆液面大多与孔口持平。从而保证了成孔时孔内水压力大于孔外水压力，有利于孔壁的稳定。

2）监控钻进速度，并对泥浆密度、泥浆黏度进行见证检测和抽检。由于孔深达92.6m，穿过土层的物理和力学性质各不相同，但大体可以以63m为界，63m以上土层以黏性土为主，采用中速钻进，泥浆密度控制在1.25左右，泥浆黏度控制在22～24；63m以下土层极大

图3 监理检查钻杆

部分为砂性土，采用慢速钻进，人工造浆，泥浆密度控制在 1.30 左右，泥浆黏度控制在 24~26，使成孔过程中或成孔后，可避免坍孔和成孔后减小缩孔量。

3）对钻进过程中根据泥浆含砂率督促使用除砂器及泥浆含砂率进行见证检测和抽查。特别是 63m 以下极大部分为砂性土，因此，钻进过程中除砂器必须正常使用，监理必须巡视检查和督促，并将泥浆含砂率严格控制在 4% 以下。泥浆含砂率过高，护壁性能就差，不利于孔壁的稳定，且孔底沉渣厚，不利于清孔，特别是二次清孔，难以达到沉渣厚度小于 10cm 的要求。经监理见证检测和抽检，实测含砂率为 1.5%~3.0% 之间，为一次清孔打下了良好的基础。图 4 为监理在现场见证泥浆含砂率的检测。

4）一次清孔及二次清孔的监控。只有一次清孔做得彻底，才能保证二次清孔后沉渣厚度符合设计要求，所以一次清孔是控制沉渣厚度的关键，因此监理重点进行了监控，并建议正循环清孔时采用大泵量（1 台 4PNL 或 2 台 3PNL）使沉渣在超长钻孔中易排出，并缩短清孔时间，有利于孔壁稳定及减小缩孔量。由于钻进过程中对泥浆密度及泥浆黏度尤其是泥浆含砂率控制在适当范围内，因此通过一次清孔后沉渣厚度检测均达到规范和设计要求，保证了二次清孔时沉渣厚度检测均满足规范和设计要求。监理实测为一次清孔后沉渣厚度 5.5~8.5cm，泥浆密度不大于 1.30，二次清孔后沉渣厚度 5.0~10.0cm，泥浆密度不大于 1.20（距孔底 500mm 处）。试桩充盈系数为 1.09~1.18。图 5 为监理在检测沉渣厚度。

5）对测量沉渣厚度用的测绳的检查。由于孔深达 92.6m，测量沉渣厚度需采用 100m 长的测绳。根据监理以往的经验，一般测量用的测绳遇水必缩，为了能准确测得沉渣厚度，要求采用遇水不缩的水文测绳，或采用一般测绳在温水中浸泡 36h 后，用钢尺测量其收缩长度，在测量沉渣厚度时进行校正，确保沉渣厚度的测量结果正确，减小桩受荷载后的沉降量。

由于对不同土层的钻进速度、泥浆性能（密度、黏度、含砂率）、清孔和沉渣的有效监控，使超长钻孔灌注桩的孔壁稳定性良好，二次清孔后、混凝土初灌前沉渣厚度经监理测定均达到规范和设计要求。

4. 对桩端后注浆的监控

由于设计要求的单桩竖向抗压静载荷试验最大加载值与根据岩土工程勘察报告计算的单桩竖向抗压极限承载力相差很大。为此，后注浆对提高试桩单桩竖向抗压承载力起到了至关重要的作用。监理根据桩端持力层为密实状态粉砂层的情况、注浆量大的特点对桩端后注浆做好以下监控。

1）对注浆器、注浆管及其安装的检查。注浆器是桩端后注浆的关键，监理重点检查注浆器的注浆孔橡胶保护套厚度，太薄容易在安装时破损，并可能在清水开塞时胀破，也不宜高出注浆器的凸面，否则安装时在砂层中易擦破而失去作用；还要检查注浆器伸出钢筋笼底的长度是否符合设计要求，注浆器进入桩端以下土层过深会造成强行压入使注浆器易损坏，过浅会造成注浆孔不能进入桩端以下土层，不利于注浆效果。每节注浆管安装后注入清水进行密封性检查，以防止注浆管接头处因不密封而在压浆时漏浆，达不到桩端后注浆的目的。注浆管安装过程中和结束后应防止杂物掉入管内而堵管，顶部管口在安装结束后是否封闭。

2）对清水开塞的监控。钻孔灌注桩成桩后 7~8h 内应进行清水开塞，监理应控制开塞时间，清水开塞时间过早会对桩身混凝土产生破坏作用，时间过长清水开塞成功率较低。并检查开塞压力及注浆管路是否畅通，开塞压水的压力达到 1.0MPa 左右瞬间迅速归 0，为开塞成功。开塞后立即停止注水，并封堵管口，以防杂物掉入注浆管内而发生堵管。

3）对注浆过程的监控。监理严格按设计要求监控水泥用量，检查水灰比（控制在 0.55）、浆液密度、浆液搅拌均匀，并检查浆液进入储浆筒是否设置筛网进行过滤，防止杂物堵塞管路和注浆孔。对注浆时间控制在成桩 2 天后开始，不宜迟于成桩后 30 天。注浆过程中督促并检查是否遵循低压慢速的原则，注浆压力和注浆速度应相互匹配，注浆压力

图4 监理见证泥浆含砂率检测

图5 监理检测沉渣厚度

和速度同时过高时易出现地面渗浆，故注浆速度宜控制在 32~50L/min，压力偏高时速度取低值，压力偏低时取高值。

通过对后注浆重要环节的监控，确保了注浆管路畅通、注浆顺利，所有试桩注浆量全部按设计要求注完，终止压力也均控制在设计要求范围内。

四、试桩检测成果

所有试桩经过成孔质量检测、超声波透射检测、单桩竖向抗压静载荷试验，其成果均满足规范及设计要求，达到试桩预期目的。

1. 成孔质量检测成果

试桩成孔质量检测成果汇总见表1。

2. 超声波透射检测成果

试桩超声波透射检测成果汇总见表2。

3. 单桩竖向抗压静载荷试验成果

试桩单桩竖向抗压静载荷试验成果汇总见表3。

图6和图7是SZ7号桩的Q-S曲线和S-lgT曲线。从Q-S曲线中可见曲线呈缓变型。

从 Q-S 曲线及 S-lgT 曲线可见：加载至 30000kN 时，Q-S 曲线发生明显陡降，而 S-lgT 曲线图中加载 30000kN 的曲线斜率未明显变陡或尾部出现明显向下弯曲，因此，实际桩的最大加载量还可提高。从表3中加载至 30000kN 时的累计沉降量虽有大于 0.05D（D 为桩端直径）现象，但考虑到 92.6m 超长桩的弹性压缩量（一般桩长大于 40m 时即宜考虑），实际沉降量远小于 0.05D。而大量实践经验表明：当沉降量达到桩径的 10% 时才可能出现极限荷载，所以最大试验荷载值 30000kN

作为单桩竖向抗压极限承载是可靠的。实践证明，通过桩端后注浆固化了桩端沉渣，加固了桩端周围的土体，减小了桩基沉降，至少提高单桩竖向抗压极限承载力 76%。

结语

监理根据本工程试桩的特点、难点，分析重要环节，制定了针对性强的监理质量监控实施细则，落实具体有效措施，并重点抓好成孔垂直度、泥浆护壁、孔底沉渣厚度及桩端后注浆的监控，确保了试桩的工程质量。经各项检测与静载荷试验，结果全面达到设计要求，尤其是 4 根试桩全部达到设计要求的单桩静载荷试验最大加载值 30000kN 的指标。

试桩成孔质量检测成果汇总表　　表1

桩号	最大孔径 /mm	最小孔径 /mm	平均孔径 /mm	垂直度 /%	沉渣厚度 /cm
SZ6	1173.897	1071.165	1102.526	0.29	5.5
SZ7	1236.227	1065.967	1111.159	0.28	8.5
SZ8	1197.004	1061.730	1105.170	0.20	8.5
SZ9	1382.798	1075.691	1115.911	0.22	7.5

试桩超声波透射检测成果汇总表　　表2

桩号	SZ6	SZ7	SZ8	SZ9
桩身完整性描述	约89m 处缺陷	桩身完整	桩身完整	桩身完整
桩等级分类	II	I	I	I

试桩单桩竖向抗压静载荷试验成果汇总表　　表3

桩号	最终加载量 /kN	累计沉降量 /mm	回弹量 /mm	回弹率 /%
SZ6	30000	63.41	18.76	29.59
SZ7	30000	45.53	17.75	38.99
SZ8	30000	62.82	20.97	33.38
SZ9	30000	49.22	20.15	40.94

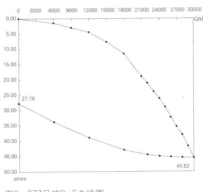

图6　SZ7号桩Q-S曲线图

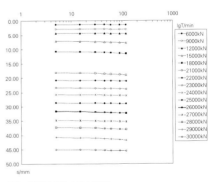

图7　SZ7号桩S-lgT曲线图

高大模板支撑体系施工安全、质量全过程管控体系的研究与应用

张万征 廉 静

河南兴平工程管理有限公司

摘 要： 现阶段在国内项目建设过程中高大模板支撑体系的应用日渐增多，作为一种临时性结构，其管理水平还停留在比较低的阶段。监理在工程建设过程中如何做到全过程管控，确保工程项目进度、质量、安全、造价等各项指标顺利实施，是监理管控的重难点。本文以中国平煤神马集团尼龙科技有限公司二期项目为例，分析了高支模施工过程管控的重难点，对多个项目从理论、组织、流程等方面提出了全过程监理的创新管理方法。该项目的顺利实施为大型化工项目建设全过程管理积累了宝贵的经验。

关键词： 大型化工项目；高大模板；支撑体系；过程控制

引言

近年来，很多项目管理企业针对高大模板支撑体系安全、质量管控进行了研究，虽然取得了一定的成果，但是关于高大模板支撑体系安全施工问题的研究仍不够全面和彻底，高大模板支撑体系在施工时倒塌的事故仍屡见不鲜。据统计，我国建筑施工安全事故中，坍塌事故占安全事故总数的54.12%；全国较大及以上事故中，模板支撑体系坍塌事故占较大事故总数的52.0%。由此可以看出，高大模板支撑体系在施工过程中的模板坍塌事故不仅带来了巨大的人员伤亡和财产损失，而且造成了极其恶劣的社会影响。

一、项目概况

中国平煤神马集团尼龙科技二期项目建设中各装置土建施工均涉及高大模板支撑体系施工，各装置高支模施工情况各异，有设计高度为14.2m，厚度为0.25m的钢筋混凝土防爆墙；设计深度超过13m的水池；单层设计高度大于16m的厂房；单跨设计跨度大于18m的会议室等。其高支模具体情况见表1~表5。

各装置高支模施工难度不等，各装置总包单位项目管理能力与施工班组施工水平参差不齐；同时尼龙科技二期项目作为集团化工板块的龙头企业，项目建设工期紧、任务重。

二、全过程方案管控

（一）确定模板支撑体系施工方案

在尼龙科技二期项目建设中，监理在高支模施工前组织各施工单位就各自高支模施工计划召开质量、安全控制专题会议，从安全监理的管理角度出发，综合考虑各类脚手架支撑体系的优缺点与拟建建筑物自身特点，讨论各装置中高支模施工的难点与质量控制点，针对不同装置高支模架采用不同形式的模板支撑体系。

通过审查施工单位编制高支模专项施工方案，重点把控方案中架体安全性、稳定性验算，确保计算公式以及各项参数选用符合现场施工情况。重点分析高支模体系中的模架和建筑结构中的主体构造之间的作用力，构造出高支模体系

己内酰胺装置高支模施工情况 表 1

单体工程	高大模板轴线范围	支模高 / 跨度	截面尺寸 / mm	立杆底标高 / 结构板顶标高（m）	支撑面
己内酰胺装置	1～4 轴 /A～E 轴	10.26m（高度）	板：板厚 120	−0.300/9.960	地面
	5～10 轴 /C～E 轴				
	11～15 轴 /B～E 轴				
环己酮肟化装置	1～12 轴 /A～F 轴	10.26m（高度）	板：板厚 120	−0.300/9.960	地面
硫铵装置及包装	三层	11.30m（高度）	板：板厚 120	12.280/23.580	二层楼面

双氧水装置高支模施工情况 表 2

单体工程	高大模板轴线范围	支模高 / 跨度	截面尺寸 / mm	立杆底标高 / 结构板顶标高（m）	支撑面
稀品工段	1～5 轴 /0～A 轴	16.300m（高度）	板：板厚 120	−0.340/15.960	地面
	1～8 轴 /A～C 轴	8.300m（高度）	板：板厚 120	−0.340/7.960	地面
	3～8 轴 /A～C 轴	8.000m（高度）	板：板厚 120	7.960/15.960	楼面

公用工程循环水高支模施工情况 表 3

单体工程	范围	支模高 / 跨度	截面尺寸 / mm	立杆底标高 / 结构梁底（板顶）标高（m）	支撑面
4 号循环水站	循环水框架	9.750m（高度） 5.00m（跨度）	梁：300×850	2.000/6.900	2.000m 板顶
		13.300m（高度） 10.00m（跨度）	梁：300×850	2.000/12.450	2.000m 板顶
		16.000m（高度） 10.00m（跨度）	梁： 300×850 350×1000	2.000/13.000（16.000）	2.000m 板顶
	加药间	9.13m（高度） 7.50m/8.45m（跨度）	梁： 300×700 350×900	−1.500/9.13 板底：最高 9.91	基槽底部
	加氯间	9.970m（高度） 8.10m/9.00m（跨度）	梁： 300×800 400×1000	−1.500/9.70 板底：最高 10.38	基槽底部

环己酮低压框架高支模施工情况 表 4

单体工程	高大模板轴线范围	支模高 / 跨度	截面尺寸 / mm	立杆底标高 / 结构板顶标高（m）	支撑面
低压框架	1～8 轴 /A～C 轴	9.270m（高度）	板：板厚 120	−1.300/7.970	地面
		9.970m（高度）	板：板厚 120	−2.000/7.970	基槽底部
		11.170m（高度）	板：板厚 120	−3.200/7.970	地坑底部
	1～8 轴 /A～C 轴	9.270m（高度）	梁：400×1200	−1.300/7.970	地面
		9.270m（高度）	梁：400×900	−1.300/7.970	地面
		9.970m（高度）	梁：400×1200	−2.000/7.970	基槽底部
	1～8 轴 /A～C 轴	9.970m（高度）	梁：400×900	−2.000/7.970	基槽底部
		11.170m（高度）	梁：400×1200	−3.200/7.970	地坑底部
		11.170m（高度）	梁：300×700	−3.200/7.970	地坑底部

污水处理高支模施工情况 表 5

单体工程	高大模板轴线范围	支模高 / 跨度	截面尺寸 / mm	立杆底标高 / 结构板顶标高（m）	支撑面
预处理单元	1～15 轴 /A～J 轴	10.50m（高度）	板： 板厚 150mm 板厚 180mm	−3.20/7.30	池基础
厌氧单元	1～10 轴 /A～D 轴	13.50m（高度）	板：板厚 200mm	−1.50/12.00	池基础
MSBR 单元	1～10 轴 /A～R 轴	9.60m（高度）	板：板厚 150mm	−2.60/7.00	池基础
BAF 单元	1～12 轴 /C～D 轴	8.50m（高度）	池壁厚度：500mm	0.00/8.50	池基础
中水回用单元	1～3 轴 /A～B 轴	11.3m（高度）	板：板厚 200mm	−5.00/6.30	池基础

计算的基本理论。

（二）确定浇筑顺序方案

通过使用 MIDAS-GEN 三维有限元分析计算软件对较为典型的己内酰胺主框架高支模脚手架搭设及受力进行模拟分析计算，不同混凝土浇筑顺序下高支模架的应力（绝对值）如表6所示。

根据分析计算得出结论：当从模板的一侧往另一侧浇筑混凝土时，高支模处于偏心状态，承受的压力最大，轴力和弯矩也最大。而从中间往两侧浇筑混凝土时，高支模稳定性最好，轴力和弯矩也最小。结合各装置高支模浇筑高度、跨度以及混凝土浇筑量等因素，在高支模混凝土浇筑阶段，对高支模架体增强稳定性的措施如下。

1. 浇筑过程控制措施主要围绕两个方面实行：一是浇筑顺序结合现场实际情况进行，由中间到两边组织对称浇筑，均布浇筑；二是荷载控制，现场需对实际浇筑荷载实行监控，防止浇筑混凝土的过程中产生的冲击荷载、振捣荷载以及堆积荷载等，从而造成超载，影响整个架体的稳定性。

2. 在高支模区域的柱模可先完成混凝土浇筑，待柱体达到一定的强度，高支模的架体就可以与柱体用杆件连接，形成一个整体，提高其可靠性，保证整个架体的稳定性。

3. 模板支架的监控采用人工监测与设备监测相结合。按照高大支模的要求，人工监测与维护是必不可少的，但难以

做到全面、准确；在监测的过程中充分利用人工监测与无线监测系统相结合的方法，如发现异常情况，需立即停止浇筑并查明原因，作出相关处理。

三、高支模施工过程安全、质量控制要点

（一）高支模架稳定性控制

考虑高支模架的初始缺陷以及杆件相交处的半刚性特性，采用有限元软件 ANSYS，创建各装置高支模架半刚性数值模型，验证各装置高支模架搭设方案的可行性。

原材料是组成结构主体的基础，是影响支撑结构承载力的关键因素。在导致模板支架坍塌事故的因素中，构成模板支架的钢管和扣件质量的缺陷，是主要因素之一。因此，针对模板支撑体系搭设过程中所用材料常见的初始缺陷，包括钢管壁厚、钢管直径以及螺栓扭转力矩等进行稳定承载力影响程度分析。结论为高支模架的稳定承载力会随着钢管壁厚、直径的增加逐渐增大；随着螺栓扭转力矩的增大而逐渐增大。

建立材料进场验收制度。保证高大模板支撑架体材料质量是管控架体质量的重中之重。因此，为保证高大模板支撑体系所用材料符合规范要求的强度、刚度、稳定性等，尼龙科技二期项目监理部联合建设单位制定了《尼龙科技二期项目建设设备、材料质量检验管理规定》，对进场

材料质量进行三方验收，若发现不合格材料，按规定对施工单位进行处罚，验收合格材料经签字确认后方可投入使用，确保用于各装置高支模的材料满足施工安全、质量要求。

（二）高支模脚手架搭设构造因素分析

高支模支撑结构作为一种临时支撑结构，它的受力和工作状况受许多变化因素的影响。高支模架体坍塌事故现象表明支撑结构的稳定性至关重要。使用有限元软件 ANSYS 分析高支模架稳定承载力随构造因素的变化情况，对各装置高架支模方案进行技术分析。

通过表7~表9可知，随着水平杆件步距的增大，高支模架的稳定承载力逐渐减小，结合承载力随步距增大而下降的整体趋势，适当的调整水平杆件步距，能较大幅度提高该支撑体系的承载力；同时，随着高支模架纵横杆件间距逐渐增大，其稳定承载力逐渐减少，但其变化并非线性的，因此适当调整纵横杆件间距，可有效提高高支模架的稳定性从而增大结构的安全可靠性；在高支模支撑体系中布置水平剪刀撑数量越多，高支模架稳定承载力越大，但水平剪刀撑布置得越多，其本身自重也会随之提高，从而会在一定程度上对提高其稳定承载力起反作用。从提高施工安全性与经济性的双重角度出发，应根据各装置高支模架高度、跨度不同，设置不同的水平剪刀撑数量。

四、高大模板支撑体系安全、质量管理体系的构建

（一）典型事故原因汇总

通过对国内典型高支模事故发生原因进行统计，分析得出造成高支模支撑

不同混凝土浇筑顺序下高支模架的应力（绝对值）　　　　表6

浇筑顺序	轴力 F_X（kN）	剪力 F_Y（kN）	剪力 F_Z（kN）	弯矩 M_X（kN·m）	弯矩 M_Y（kN·m）	弯矩 M_Z（kN·m）
从模板一侧向另一侧浇筑混凝土	6.46	1.10	1.14	0.06	0.99	0.88
从模板中间往两侧浇筑混凝土	5.18	0.19	1.00	0.03	0.72	0.13
从模板两侧往中间浇筑混凝土	5.85	0.68	1.14	0.04	0.79	0.43

体系坍塌的主要原因，结合现场施工情况，构建全过程管控体系。造成模板支撑体系坍塌的主要原因按比例依次为：

1. 构成架体的主要材料不合格；

2. 不执行安全专项施工方案（如支撑体系杆件间距过大，未设置剪刀撑，与结构无可靠连接）；

3. 柱、梁、板同时浇筑；

4. 专项施工方案有重大缺陷或架体稳定性计算错误。

由此可知，高大模板支撑是一个体系，需要从设计、用料、施工、监测等方面严格把关，尼龙科技二期项目各装置高支模施工存在复杂性、多样性的特点，因此在管理控制、质量控制、安全控制等方面存在较大难度。

（二）高支模体系安全、质量管控流程

完善的高支模管控流程加强了施工现场管理人员对高价支模体系的认识，从流程上保证质量，避免施工人员忽略部分重要环节，导致事故的发生。

为优化施工过程管控流程，通过组织各单位技术管理人员进行多轮专项研讨，监理部与施工单位共同确定管控流程图（图1），要求施工单位严格按照高支模管控流程图制定质量控制体系，将责任分解落实到个人，监督每道程序均按流程图执行，确保高支模施工质量。

（三）高支模体系全过程控制

高大模板的安全控制与质量控制是息息相关的，往往由于质量问题引起安全问题，而安全问题往往是因为监控的疏忽导致的。因而在日常的管理过程中，高支模施工需引起高度重视，作为一项工程的重点来抓。

1. 监控要点

1）把好方案关：高支模方案必须严格按照各项审批程序，并通过专家论证签字确认后才可进行搭设。在施工方案中必须包括受力计算书，计算书从刚度、强度和稳定性等方面对高支模进行承载力验算，其中必须要以材料实测强度值为计算依据。施工方案应具体详细，需包括立面图、剖面图、各个杆件设置的平面图等。

2）把好材料关：高支模所需材料进场时必须严格做好进场检验，一是检验进场材料是否具备相应质量证明文件，二是检验材料本身是否符合规范要求，按要求比例进行抽检，各项检查必须严格按照相关要求进行。

3）把好施工关：施工前明确施工单位各个部门相关责任，并细分落实到个人，监督施工单位做好安全、技术交底工作，并留存书面记录；架子工必须持证上岗，严格按照方案要求进行搭设，组织好相关人员进行验收。

4）把好监测关：在搭设以及浇筑混凝土过程中，督促施工单位严格按照监测的要求组织相关人员对其进行全过程监测。一旦发现异常，应马上要求停

高支模架体稳定承载力随步距的变化情况 表7

搭设形式编号	横（纵）立杆间距 / m	水平杆件步距 / m	支撑体系稳定承载力 / kN	稳定承载力变化比例 / %
1	0.6x0.6	0.6	25.578	0.00
2	0.6x0.6	0.75	21.549	20.73
3	0.6x0.6	0.9	17.849	20.72
4	0.6x0.6	1.0	14.497	23.31
5	0.6x0.6	1.1	11.861	22.21
6	0.6x0.6	1.2	9.803	20.99
7	0.6x0.6	1.5	8.323	17.78

高支模架体稳定承载力随间距的变化情况 表8

搭设形式编号	水平杆件步距 / m	横纵立杆间距 / m	支架稳定承载力 / kN	稳定承载力变化比例 / %
1	0.9	0.6x0.6	17.849	0.00
2	0.9	0.75x0.75	17.334	2.97
3	0.9	0.9x0.9	17.047	1.69
4	0.9	1.0x1.0	16.227	5.05
5	0.9	1.2x1.2	15.329	5.85
6	0.9	1.5x1.5	14.328	6.98

高支模架体稳定承载力随水平剪刀撑布置方案的变化情况 表9

水平剪刀撑的布置方案	杆件搭设尺寸 0.6m×0.6m×0.9m	
	支架稳定承载力 / kN	稳定承载力变化比例 / %
不设剪刀撑	17.849	0.00
架体顶部一道剪刀撑	18.752	5.06
底部、顶部各一道剪刀撑	19.872	5.97
底部、中间、顶部各一道剪刀撑	20.381	2.56
从低到顶4道剪刀撑	20.870	2.39
从低到顶5道剪刀撑	21.517	3.10

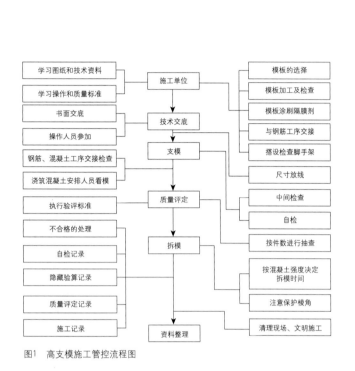

图1　高支模施工管控流程图

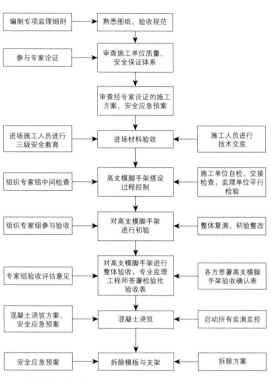

图2　高支模全过程控制流程图

止施工，查明原因，并重新做好加固工作。如出现紧急情况，必须要求全体员工疏散，首先确保施工人员的生命安全。

2. 全过程流程控制

为明确高支模整个体系安全控制要点，项目监理部制定了全过程控制流程图，如图2所示。

结语

通过构建高大模板支撑全过程安全、质量管控体系，提高了尼龙科技二期项目各装置高支模安全施工水平，有效避免坍塌及其他事故发生，减少施工人员伤亡，避免了重大人员及财产损失；高大支模安全、质量管理体系的建立，不仅让高支模的安全性更加透明，同时让现场施工管理人员了解了安全、质量管理方面不足的原因，有的放矢寻找对策，减少了工期延误影响因素，可为工程施工节约宝贵时间，提前实现投产，为社会创造更多使用价值。

与此同时，构建高大模板支撑全过程安全、质量管控体系，对规范整个建筑行业现场施工管理，全面提高建筑施工质量，提升工业企业安全生产能力均起到一定推动作用。

参考文献

[1] 余传清. 建筑工程高支模施工的关键点及安全对策[J]. 城市建筑，2020 (36)：53.
[2] 赵岩枫，廖术龙，张艳奇. 混凝土浇筑过程中心高支模实时监测分析[J]. 建筑安全，2020, 35 (7)：4.

精细化管理在城市综合体建筑工程监理中的运用

——上海世博园区 B06 地块项目监理工作交流

上海华建工程建设咨询有限公司

摘　要： 结合上海世博园区B06地块项目案例，分析了诸如此类城市综合体建筑施工中存在的常见重难点问题，例如深基坑施工、原有地下室拆除加固改造、多业态建筑的装饰工程、高层结构的施工安全、防渗漏工程以及工期管理问题，针对这些问题，项目监理团队从组织保障、质量验收、安全监督、进度把控以及新技术运用几个方面出发，通过精细化管理模式取得了良好效果。

关键词： 综合体建筑；精细化管理；施工监理

引言

随着国内城市化进程的加快以及城市定位的提升，越来越多大中型城市将高层、超高层的大型综合体项目作为城市开发的主角。一方面这类综合体项目包含多种业态，涉及的参建单位种类多，需要各单位相互配合、穿插施工；另一方面这类项目多分布在繁华地段，面临的工期影响因素多。在质量、安全、进度上协调一致，顺利推动项目建设、按期交付使用成为一大难题。针对这些问题，采用精细化的管理模式是必要且有效的。监理企业需要培养组建一支专业化的团队，在质量验收、安全监督、进度把控上做到精细化分工、全过程管理，才能使业主方单位满意。这些做法在上海世博园区B06地块项目中得到了有效验证。

一、工程概况及施工重难点

（一）工程概况

上海世博园区 B06 地块项目性质为商业、办公、酒店综合体，包括办公楼 A、B 两栋 22 层塔楼，酒店 A、B 分别为 17 层、24 层，商业 A、B 均为 5 层，商业 C 为 3 层裙楼。办公楼结构类型为钢框架＋钢筋混凝土核心筒结构体系，酒店结构类型为装配式预制钢筋混凝土框架＋剪力墙结构体系，商业结构类型为装配式预制钢筋混凝土框架体系。本项目用地面积 47800.9m²，总建筑面积为 321197.41m²，最大结构高度 99.5m，塔冠框架高度 111.4m。

（二）工程监理重难点问题

1. 深基坑施工及原有地下室拆除加固改造

该项目为地下 3 层，基坑开挖深度为 17.5m，局部深坑超过 20m，属于超过一定规模的深基坑工程。同时基坑变形控制要求高，施工安全风险大。该项目东区地下室结构原建设单位已完成施工，需要采取拆除与加固方法进行局部地下室改建，以满足调整后的建筑方案。拆除与加固工程直接影响到结构的安全性，保证地下室拆除加固的质量管控，是本工程监理工作的重点难点之一。

2. 多业态建筑的装饰工程

该项目为综合体项目，业态包含商业、办公和酒店，装修施工质量的好坏直接影响工程的观感，特别是酒店、裙楼商场、办公楼大堂、电梯厅等公共部位。对此类建筑来说，一方面装修施工涉及的专业工种非常多，此时，往往大量的安装工程尚未最后完成，需要穿插施工；另一方面机电安装系统多，协调工作量很大。

3. 防渗漏工程

建筑物防漏渗工程是保证建筑物的结构不受雨水和生活用水的渗漏与侵蚀，满足建筑物的使用功能，延缓建筑物使用寿命的一项重要工程。防渗漏工程需要对建筑物内部的各个角落进行细致的检查和处理，同时对防水、防潮等特殊材料进行耐久性、适用范围等的监管考量，工程对监理工作有着较高的要求。

4. 高层结构施工中的安全管理

本工程主体结构有钢结构、装配式预制钢筋混凝土结构，吊装量大，且楼层较高，根据以往类似项目监理经验，在钢结构及 PC 结构吊装、安装过程中对安全、质量管控要求较高，且高空作业较多，防火和防坠落等安全隐患多，安全监理任务重。

5. 工期管理

该项目体量大、工期紧、任务重，总工期仅 1034 天，并且因本项目毗邻世博中心、世博展览馆，每年召开会议、展会等活动多，经常受到交通管制影响，因此工期管理成为本项目监理工作的难点之一。

二、施工监理精细化管理措施

结合该项目监理过程中存在的重点难点问题，项目监理部在组织保障、质量管理、进度管理、安全管理等方面采取了一系列措施来进行精细化管理。成立相应的精细化管理小组，制定详细的施工监理精细化管理措施，认真做好内部精细化管理工作。主要从"策划先行""加强预控""样板引领""实测加强""关注细节""持续改进"等主要方面加强管理。

（一）加强组织保障，提升监理服务质量

一支专业化的监理队伍是开展监理工作的前提保证，是保障工程质量、降低工程风险、提高工程效率的必要手段。该项目通过组建专业化的管理团队，并加强各专业之间的团结协作，贯彻"分工不分家"的思想，强化团队荣誉的理念，积极发挥各人员优势和作用，及时调整管理思路，为业主提供可靠的服务质量。

1. 组建专业化团队

世博园区 B06 地块项目监理部，根据该项目特点组建了技术力量较强的监理班子，由经验丰富、年富力强的总监理工程师担任总监，专业工程师基本在 55 岁以下，以年轻化专监为主，属老中青结合团队。各专业人员持证上岗、及时到位，本项目自开工后，严格按照监理合同、监理规划相关人员配置要求，按节点配备相关专业岗位人员，常驻人员包括：总监理工程师 1 人、总监代表 1 人、土建工程师 8 人、安装工程师 2 人、安全工程师 2 人、幕墙工程师 2 人、精装修工程师 2 人，资料员及见证员各 1 人。

2. 加强组织培训学习

项目团队根据工程进展积极学习相关规范规程细则、施工图纸、方案等，组织监理细则交底，方案学习，了解本项目的重点难点，不断提升管理水平和业务能力，做到有的放矢，为开展监理工作打下基础。

3. 发挥党员先进作用

项目团队积极参与党建团建活动，在参建方党政领导见证下，共绘项目党建同心圆，经上级党总支批准，并与世博管委会成立项目临时联合党支部，对党员先锋队进行授旗，发挥党员先进作用。

（二）创新质量管理模式，严格把控工程质量

工程质量不仅关系到国家社会的发展，也关系到人民群众的生命和财产安全，为此，在建设过程的每一个环节中都必须重视工程质量。该项目中，监理部门以制度保证为抓手，方案先行、样板引路、实测加强、关注细节、持续改进，将质量把控可视化，在做好质量通病防治的同时，集中管控重难点工程，开创了质量管理的新模式。

1. 制定合理的质量验收制度

为保证施工质量可控，实现本项目确保质量目标，监理部根据项目特点与业主、总包共同制定了方案先行、样板引路制度，材料提前申报现场综合验收可视化制度，隐蔽验收可视化制度，并坚持执行，从而保证了施工班组和施工人员对每道工序的质量目标有一个比较清晰、直观的认识，有效做好质量控制。

2. 材料验收、工序验收可视化

把好材料准入关，杜绝假冒伪劣产品及不符合设计、合同要求的材料进入现场；所有进场原材料，要求施工单位提前上报材料进场申请，拟定材料进场时间，以书面形式通知业主、监理人员。材料进场后，经业主、监理、施工单位三方联合验收合格后方可卸车。监理单位按照规定的频率进行抽检，落实原材料进场审批程序，严格控制原材料质量，不合格的原材料一律不准用于该工程；因工程需要购置的成品、半成品构件，必须进行检验合格后方可使用。特别要注意同一种品牌规格的材料第一批进场的是合格正品，后续批次有降低质量标

准，甚至掺假的现象。

为控制施工过程质量，提前制定分部分项工程质量控制点、停止点及质量标准要求。各工序验收前，要求施工单位在自检合格的基础上填报工序验收申请单，对验收中存在严重问题的不予验收，并填写验收意见，对验收通过工序，由参验人员"小白板"拍照，作为可视化验收依据。

3. 质量通病防治

做好预防质量通病的监理工作，制定具体实施措施，通过质量通病表观现象，分析质量通病产生的原因，采取有效的管理措施，杜绝管理通病，克服工艺通病，避免实体通病的发生。以"样板先行"和"样板引路"的方式，再强化过程管控，减少通病带来的工期或费用损失。为此，我们要求施工单位编制《质量通病防治手册》。监理人员除了加强日常巡视检查及时提出整改要求外，每当质量通病较为严重时召开现场专题会议，并在业主的授权下对施工单位予以一定的经济处罚。业主、监理、总包三方成立质量巡检小组，每周进行质量周检，每月进行总结，收到了较为明显的效果。

4. 集中管控重难点工程

拆除加固改造工作零星烦琐，节点处理多，需现场协调解决的问题多。监理部根据工程特点，专门安排有经验的专业监理师负责，安全监理全力配合拆除加固施工的各项安全设备设施监督管理。组织参与每周二上午拆除加固改造专题会，现场遇到与节点处理不能匹配或无法按节点施工的，及时联系设计，现场解决处置。

渗漏是用户投诉率最高的质量问题，也直接影响到产品的使用功能。因此监理项目部从一开始就十分注重防渗漏工作。在实施过程中，对防渗漏的重点部位和关键工序进行重点检查和旁站监理，并留有影像资料。

（三）多措施并进实施，全方位监督施工安全

安全管理在工程监理工作中是不可或缺的，对于保障工程安全和人员生命财产安全具有重要的意义。本项目以"安全第一、预防为主、综合治理"为宗旨，始终不渝地坚持把安全监管贯穿于整个项目的监理工作，多措施并进实施，对危险性较大分部分项工程采取重点监控和管理。

1. 严格审查

严格施工企业安全生产许可证和"三类人员"（企业负责人、项目负责人、专职安全管理人员）管理；审查施工单位生产安全事故应急救援预案的制订情况，针对重点部位和重点环节制订的工程项目危险源监控措施和应急预案及专项施工方案；检查施工单位安全生产管理制度和安全文明施工管理制度，以及落实安全生产资金使用情况，督查施工单位在施工过程中是否严格按安全操作规程施工；检查施工单位安全教育计划、安全交底安排，施工人员安全资质和特种作业人员操作证。

2. 联合检查

落实一岗双责，管生产必须管安全。监理部人员同业主、总包管理人员按"网格化"分工管理，三方成立联合检查小组，进行每日巡检，每周专项检查，节假日组织大检查。对发现的安全隐患及时提出整改意见，并要求施工单位限期进行整改；对屡次发生隐患或个人防护不到位行为，按施工合同相关处罚条款进行处罚。

3. 动态监督

对施工升降机、吊篮、塔式起重机安装（拆除）、验收、使用与保养、安全文明措施费用支付与使用情况等实施动态监督。实时监管施工现场的"三宝""四口""五临边"及安全通道防护工作，监管临时用电设施设备、外脚手架（含落地和悬挑及井道脚手架）、模板支撑、操作平台的搭设、验收使用与维护，对东区地下室拆除加固改造风险进行管控，并注重相关资料及时归档管理。

4. 激励机制

本项目每月举行一次"安全文明之星"评选活动，对月度表现好的工人或安全管理人员进行表彰，给予一定物质奖励。利用这种形式，正向激励人人参与安全管理，变被动为主动，起到了较好的效果。

（四）积极配合参建单位，协助确保进度目标

由于各参建单位内部管理制度存在差异，在计划制定上存在信息不对称、沟通不畅的问题，前期准备工作不充分、目标分解节点拖延等都会造成相关计划滞后。监理部积极配合业主单位及各个参建单位，及时跟进项目，协助确保项目进度计划。

1. 协助优化工期

为加快工程进度，项目主体结构验收采取两次验收，同时进行上部主体施工和下部的安装、幕墙工程施工。监理部积极参与方案讨论，提出安全防护方案，并以公司类似项目为案例，介绍需要的安全防护和可能需要增加措施费以节省工期。业主听取监理部汇报后，考虑到本项目紧邻世博中心及世博展览中心，影响工期不确定因素较多，决定采取4栋塔楼中间设置安全防护隔离层，

下部进行幕墙施工；业主方对监理部的合理建议给予肯定。

2.协助解决进度停滞问题

该项目在基坑开挖施工过程中，由于政府政策规定，土方外运车辆由大车换小车，且受到土方堆场影响，土方外运受阻，导致工程进度停滞不前。为了解决这个问题，业主组织参建各单位积极想方设法，监理部积极参与讨论，最终决定寻找运距较远的洋山深水港。监理人员对运输车辆限载进行实测实量，并对运距进行跟车计量；并积极配合各项工作推进，保证土方开挖按计划完成施工；同时，增派专业监理工程师，保证现场有作业就有监理人员跟踪检查，及时验收。这些措施使得地下室结构工程在2022年春节前完成最后一块正负零混凝土浇筑。

（五）借力BIM技术，优化全过程管理

BIM即建筑信息模型，通过将建筑物的各种信息以三维模型的形式进行集成、管理和分析，实现对建筑物全生命周期的管理，可以提高工程项目的管理效率、信息共享和决策支持能力，加强施工监督和质量控制，提高工程质量和效率，降低工程风险和成本。

本项目响应上海市关于BIM技术应用的号召，引入BIM技术，主要在工程进度、质量控制、安装工程管理、成本控制等方面发挥积极作用。监理部积极参与新技术的应用，学习了解BIM在监理工作中的运用。以钢结构加工安装为例，要求总包对节点进行BIM深化，从而在深化过程中能提前发现问题，避免后续返工，为此项目上由业主牵头，设计、施工、监理等参建各方，在每周二召开技术专题会，解决图纸中出现的碰撞问题，从而减少返工、签证，在进度、成本、质量控制上效果显著。

结语

项目团队在监理工作中坚持根据工程进展学习相关规范、规程，组织监理细则交底，方案学习，不断提升管理水平和业务能力，做到有的放矢。在监理工作开展过程中建立质量工序可视化验收制度，制定周检制度、安全管理奖惩制度，推行一岗双责，网格化管理制度，责任划分明确，形成监理部及大项目团队管理人员人人管安全，齐抓共管

的局面。本项目定位明确，过程中严格要求，以项目开工的既定获奖目标（美国LEED金级认证、绿色建筑二星：建设及运营、上海市白玉兰奖、上海市文明工地）为导向，开展各项工作。截至目前本项目已获得上海市文明工地。

城市综合体建筑往往包含多个方面的内容，同时，所采用的管理方式、理念和实施流程等存在差异。因此，在施工监理过程中，需要提出新的要求。监理部门需要采用精细化管理模式，做好施工安全监督管控和工程质量管理，以此控制整个建筑项目施工的有序进行，避免施工现场发生重大事故。只有这样才能全面掌控建筑项目的质量和进度，确保项目如期完工。

参考文献

[1] 白甲兴.大型高端城市综合体建筑的施工监理措施[J].四川水泥，2023（1）.

[2] 田亚雄.大型城市综合体项目监理创新管理探索与实践[J].建设监理，2022（8）：20—23.

[3] 钟思远.浅谈房建工程施工精细化管理方法的运用[J].建筑与装饰，2019（3）：2.

[4] 王刚.建筑工程监理中精细化管理的应用[J].建材与装饰，2023（4）.

轨道交通工程信号系统改造的监理要点

张 腾

北京五环国际工程管理有限公司

摘 要：作为城市轨道交通系统中的重要组成部分，信号系统使列车安全有序地运行，是保障轨道交通正常运营必不可少的系统。随着城市轨道交通建设重心逐渐从新建线路向既有线路改造过渡，本文以北京轨道交通八通线信号系统改造工程为技术背景，结合现场的经验，阐述既有线信号系统改造监理的工作要点。

关键词：城市轨道交通；信号系统；既有线改造；监理工作

引言

北京轨道交通八通线既有线路全线长 18.964km，都为地上线，其中高架车站 9 座、地面车站 4 座，全线设停车场、车辆段及综合维修基地、控制中心、备用控制中心各一座。八通线南延工程从既有线路土桥站向南延伸至环球影城站，全长 4.47km，包含 2 座新设地下站。八通线全线车辆均为 6 辆编组 B 型列车，供电制式采用直流 750V 接触轨。

八通线自 2003 年 12 月开通运营以来，至 2018 年开始改造前，已有 15 年之久，在经历长期的工作后，信号系统设备老化严重，而且既有的固定闭塞式信号系统由调度集中（CTC）系统、计算机联锁（CI）系统及列车自动防护（ATP）系统组成，满足不了目前运行间隔和运行安全的要求。根据建设单位委托，本公司承担了八通线信号系统改造的监理工作。

一、信号系统改造方案

新的信号系统是基于无线通信的移动闭塞系统，由 ATP/ATO 子系统、联锁子系统、ATS 子系统、DCS 子系统和 MSS 子系统构成，并以计轴设备作为列车次级检测设备实现系统的降级及后备功能。改造后的信号系统能够缩短列车安全运行间隔，大幅度提高运营效率。

八通线信号系统改造工程涉及八通线全线车站及区间、车辆段、停车场、控制中心及备用中心，还涉及与南延新建线路的衔接，新信号系统与线路拨线工程同时验收并投入运营。改造工程实施过程中的要求是不影响日常运营，确保运营安全，绝大部分施工只能安排在列车晚间停运后至次日首班列车运行的"天窗点"进行。"天窗点"只有约 3 个小时，为有效利用这个时段完成当日的施工任务，施工计划必须做到科学合理，

施工准备必须做到全面细致，各方人员必须到位协作。

二、正线改造监理要点

正线的改造包括车站的改造和区间的改造。由于八通线是运营线路，根据建设单位规定，在施工过程中，监理单位要严格落实凡有施工的车站和区间，必须有监理旁站的要求。施工前由监理人员对当天的施工要求进行交底，检查人员证件、清点施工器具，督促施工单位对施工人员进行安全教育，并按照审批计划中的施工人数和施工内容进行作业，杜绝超范围施工。施工完成后，监理与业主、施工人员三方共同对施工现场进行回检，确保现场无遗留施工器具和材料，保证既有设备恢复到正常运行状态。此外，站点监理人员与施工单位现场负责人在车站值守至地铁运营首班

车，确认列车顺利通过后，方可离场。

（一）车站改造

八通线设备机房里放置既有正在使用的机柜及设备，由于新信号系统安装后需要进行调试等工作，期间运营线路仍依靠既有信号系统运行。在此过渡期内，机房需要同时放置两套系统的机柜及设备，待新系统开通并投入运营后，方可把旧机柜拆除，把新机柜从临时摆放位置挪移至正式安装位置。

为了避免新增设备在安装摆放时与既有机柜发生碰撞，从而引起既有设备的损坏或故障，在正式施工前，监理单位与施工单位对各个车站的设备房间逐个进行现场勘察。信号机房设置了防静电地板，必要时需掀开地板观察既有线缆的敷设情况，确保新机柜抗震底座和线槽的安装位置不与既有的线缆冲突。

在勘察后，监理单位审查施工单位编制的现场调查报告和施工方案，报告内容需包括机柜在车站里的运输路线、临时摆放位置、电缆敷设的临时路径等。方案审查时监理要求施工单位在电缆敷设时要为后续电缆二次就位预留出一定的长度，避免电缆长度不足导致更换缆线的情况发生。若出现无法避免位置冲突的情况时，监理应及时向建设单位提出，与设计单位共同协商，对图纸进行更改或由施工单位编制针对性的设备改移方案，方案经监理审查，建设单位审批通过后方可实施。

在设备安装阶段，按建设单位要求，监理人员全程进行了旁站，除了关注施工安全及进度外，还时刻注意既有设备的成品保护。由于原设计机房内只考虑放置一套信号系统设备的空间，在新系统机柜安装就位后，机房内操作空间变得非常狭窄。在狭窄的施工空间内，

施工人员需要完成大量的线缆敷设及配线的工作，给既有设备和线路的保护工作带来一定难度。为了最大限度减少施工对既有设备的影响，除了现场设置警戒线外，针对部分离施工区域安全距离不足的机柜，还需采取专项的保护措施。

监理人员在施工前的车站勘察阶段发现某一车站的信号机房新增机柜与既有设备最近距离仅有 0.8m。施工人员进行新增机柜的配线时，容易触碰到既有设备，造成安全隐患。针对这一问题，要求施工单位编制专项成品保护方案。经参建各方商讨，多方案比选后，最终选择加装硬性防护设施的方案。在实施过程中，监理人员督促施工单位严格按照方案执行，确保防护设施安装牢固、防止脱落，能切实有效预防既有设备正常运行不受影响。

（二）区间改造

进入区间施工时，需要在不到 3 个小时的施工时间内，完成包括车站综控室登记销记、工器具清点、各方共同回检等工作。若遇上接触轨网停电、施工部位与车站距离远的情况，会进一步压缩施工时间。因此在每日施工前，监理人员应全面了解当天的施工内容，明确在每个时间节点中需完成的工作。在施工过程中，监理人员根据当晚停、送电时间的变化和现场进度情况，及时提醒施工单位调整工作量，确保预留足够的时间恢复既有设备，避免超范围、超时间施工。

针对某些重点的工序，比如电动

转辙机的改造，若进行一次性更换需要连续施工至少 4 小时，显然不能在一个"天窗点"内完成。因此在技术交底前，监理单位提出对转辙机更换进行任务分解，原则是在改造阶段转辙机也能正常工作，不影响第二天地铁运营。相应地，监理的验收工作也需"化整为零"，实现完成一道工序，验收一处，建好即验好。每天的施工结束后，监理人员要详细记录转辙机拉力、密贴、紧固等技术参数，此外还需要车站配合人员在综合控制室扳动对应道岔，进行室内外一致性验收（表 1）。

待新系统投入运营并稳定运行后，方可开始既有设备的拆除工作。由于八通线已经开通运营多年，各专业系统在不同程度上都经历过改造，区间的线缆与建设单位提供图纸存在较大的差异，因此在拆除工作开始前，监理与施工单位共同根据图纸，结合现场布线情况，确定拆除的范围。拆除时，必须从电缆的始端或终端开始，顺着电缆的走向逐段拆除，绝不可硬拉硬拽或者将电缆从中间锯断，以防损伤新电缆及错误锯断电缆。

当日未拆完的电缆要放置在托架上绑扎牢固，防止脱落造成侵限事故，并设置明显的标记，以便下次施工时能快速准确找到拆除位置。监理人员要对当日拆除的设备及线缆进行详细的记录，包括规格、型号、数量等，并与建设单位、施工单位共同签认，作为验工计价及结算的依据。此外，所有区间拆除的

信号机室内外一致性测试表　　　　表 1

序号	设备名称	试验项目	室外	显示终端	断灯丝	灯丝报警电流
1		U				
		L				
		H				

设备和线缆必须在当晚立即运离车站，绝不能存放在区间内。

三、拨线工程监理要点

本工程在对八通线信号系统改造的同时，还涉及南延两个车站的建设，为了与南延车站接驳，把线路从终点站土桥站延伸，通过拨线工程，将原出入车辆段的线路调整为正线。拨线期间，轨道、信号、供电、土建等多专业队伍会同时施工，由于此项工程工作量大，且需要连续施工，所以申请了八通线暂停运营，为施工腾出了连续作业时间。

为降低地铁停运造成市民出行不便的影响，尽可能压缩停运时间，建设单位组织各专业施工及监理单位制定拨线工程的《工程推演表》，将工程目标进行分解，详细列出各专业的施工内容，以小时为单位确定各工序的完成时间。由于场地及时间限制，现场存在大量多专业施工队伍交叉作业的情况，监理单位在参与制定《工程推演表》的同时，对影响工程目标实现的干扰和风险因素进行分析、预测，并根据《工程推演表》及施工内容编制完善的监理应急预案、验收方案，采取预防和协调措施，落实每项工序的监理负责人，确保了《工程推演表》的实现（表2）。

在拨线期间，信号专业根据现场的情况，把施工范围分成四个独立的作业面，进行24小时不间断作业，而且时间紧迫，基本没有返工整改的时间，所有工序都要一次性验收通过。为确保此拨线工程保质、保量、保安全完成，监理单位由公司领导牵头，成立以总监为组长的专项工作小组，现场监理人员三人为一组，以8小时为单位进行轮岗，分组对各作业面进行全程旁站监理。

总监理工程师根据现场监理人员负责的作业面，进行了详细的技术交底，把每一道工序的监理责任落实到个人，确保每一位监理人员都熟知各自负责时间段内的施工内容。若发现前置条件不满足或者当前工序有延误的情况，要立即向总监办汇报情况，由总监理工程师与各参建方协商解决措施；若在时间段内超前完成施工内容，则应该提醒后续的施工队伍及监理人员提前进场，争取在与时间的赛跑中争得先机。

在保证进度的同时，监理人员还严格把控施工质量及安全，严格执行验收标准。为了提高验收阶段的工作效率，避免出现缺漏项，监理人员针对不同的设备，提前把验收的项目整理成表格的形式，便于在现场进行记录。

各作业面的监理人员在完成验收工作后，及时把验收结果报告至总监办，总监理工程师即时掌握施工动态并根据现场进展情况组织下一步的预验收工作。通过前期充分的准备工作、各单位的紧密协作、各项目部人员的通力合作，拨线工程做到了施工现场井然有序，实现了"竣工即交付""交付即运营"的目标。

结语

近年来我国城市轨道交通既有线信号系统设备逐渐老化，难以适应提高运力和安全性的要求，有必要进行升级改造。与新建线路不同，信号系统的改造工程难点主要突显在以保障运营安全为前提，施工人员无法长时间连续作业、作业空间受限、改造完成立即验收运营等方面。为高质量完成改造工作，监理机构和人员必须具备相应的素质，一是团队的密切协作，二是良好和有效的沟通协调能力，三是发现和解决问题的能力，四是全面和细致的工作习惯，五是责任感和奉献精神。正是由于监理机构和人员的工作体现了这些素质，才使得我们的监理工作能促进工程的顺利实施，使得我们的工作得到了建设单位的肯定。

本文通过对北京轨道交通八通线信号系统改造监理要点的总结及分析，为类似改造工程提供一定的参考经验。由于目前信号系统改造缺乏成体系的指导文件，尚未形成统一标准。针对工程实施中的技术难题，尤其是涉及动用既有设备，缺乏成熟的解决方案。未来需要各方通过不断地探索和创新，促进监理工作更高效地开展。

工程推演表				表2
施工时间		施工项目	施工负责人	监理负责人
26日	0：30—1：30	作业面1/2/4：既有信号设备拆除		
	5：00—7：00	作业面3：既有信号设备拆除		
27日	16：00—22：00	作业面1：信号设备定测 作业面3：信号设备定测		
……	……	……	……	……

双柱墩盖梁外包混凝土改建门架墩施工质量安全监理控制措施研究

——以广州市凤凰山隧道工程为例

张　竞

上海同济工程项目管理咨询有限公司

摘　要：随着城市化进程的发展，交通路网不断加密，新建道路与既有道路重叠交叉的情况较为普遍，如何充分合理利用既有道路资源，避免大拆大建造成浪费，是项目面临的重难点问题之一。广州市凤凰山隧道工程项目渔沙坦左幅桥下穿广河高速，线路与广河高速主线右幅桥82号桥墩相交，既有桥墩阻挡新建桥梁线路，必须通过新建下部结构替换原来结构，实现新旧路线立体交叉，为尽量减小对既有高速公路的影响，设计采用了在高速两侧增加立柱，原有双柱墩盖梁上植筋后外包混凝土，改造成大跨度预应力混凝土盖梁，体系转换后割除原有盖梁立柱后形成门架墩的方案，可保证原有交通不中断，建设成本可控。如施工过程中发现某一个施工工序环节出现大的偏差，易导致发生质量及安全风险。基于此，本文分别从植筋、盖梁外包混凝土、体系转换、原桥墩柱切除、监测等施工关键内容，论述了改建盖梁门式墩各工序施工的监理控制措施，以供参考。

关键词：旧盖梁植筋；外包混凝土；体系转换；原桥墩柱切除；监测；工程监理；控制要点

引言

改建盖梁门式墩身高度约25m，施工作业条件受限，操作空间小，施工难度大，对安全性要求较高，因此在施工过程中存在着较多安全隐患。作为监理单位，必须严格按照监理规划、监理细则及旁站方案要求，对施工单位的一系列施工过程行为进行监督审查，及时纠正施工过程中存在的问题，杜绝质量安全事故的发生。

一、工程背景

本合同段位于广州市天河区沙河镇渔沙坦村。项目包含广河高速拼宽桥和渔沙坦大桥，广河高速拼宽桥左幅起讫桩号为GK1+743.9~GZK2+753.9（长1010m）、右幅起讫桩号为GK1+893.9~GYK2+993.9（长1100m），渔沙坦左幅桥下穿广河高速，与广河高速春岗互通式主线桥右幅桥82号桥墩相交，设计采用新建门架墩替换原广河高速82号桥墩。本项目对右幅桥82号桥墩盖梁

改造方案采用对交通影响最低的外包预应力混凝土盖梁方案。

二、改建门架墩施工重难点分析

1. 新旧盖梁钢筋连接为后锚固植筋方式，植筋质量难以控制。

2. 因施工环境受限，新建盖梁需采用体系转换支架施工，在原有支架基础上使用千斤顶保持各支点均衡受力。

3. 桥墩为高墩身，高空施工作业环

境操作空间受限，盖梁预应力钢绞线长度26m，整束安装施工难度大。

4. 受施工作业环境因素影响，原墩柱分节分段切割拆除，施工安全风险大。

5. 转换体系钢管桩支架高度高，荷载大，支架整体稳定性、沉降及位移难以把控，施工安全风险大。

三、旧盖梁植筋监理控制要点及措施

1. 植筋点位

按照图纸要求，首先对植筋点进行定位，预防钻孔时钻到原有盖梁钢筋，若发现钻孔过程中植筋点位与原盖梁主筋交叉，可适当调整植筋点。植筋的深度亦做调整。保证达到其原有效果。

2. 清孔

钻孔成孔后应及时清孔，同时要确保孔壁完整，孔洞周边无裂痕。孔洞内应无明显杂质，以保证其与植筋胶的黏结力。如未及时进行植筋作业，需对洞口进行临时封堵，预防其内部混入异物。

3. 植筋表面处理

植筋前采用人工或机械方式对植筋表面进行处理，已处理的植筋应尽快完成植筋，避免植筋的二次污染。

4. 凿毛

在旧桥盖梁表面进行凿毛，凿毛必须严格控制深度，并清除原有盖梁带棱角及松散的混凝土渣，防止影响新旧盖梁混凝土黏结受力。凿毛完成后，应按规范要求，及时对植筋质量进行拉拔试验检测。

四、钢管贝雷片钢管桩架设与拆除监理控制要点及措施

1. 特种作业人员必须持证上岗，施

工前对施工作业人员进行安全技术交底。

2. 材料进场后，使用前必须对材料各项指标进行检测，符合要求方可使用。支架搭设前，根据材料检测数据进行承载力验算，验算结果符合要求后，方可进行下道工序施工。

3. 支架搭设地基基础施工，应对承载力、预埋件位置、几何尺寸等，严格按照审批的专项施工方案进行施工并验收。

4. 钢管桩安装应严格按照审批的专项方案及平面布置图施工，以保证钢管桩与管桩之间的平衡受力。该门式墩盖梁由于集中荷载大，支顶较高，支架的沉降影响新老混凝土接合质量。为确保支架安全稳定，要求施工单位必须严格控制钢管桩垂直度及钢管桩纵横向杆件焊接质量。其焊接质量必须符合钢结构验收规范规定要求。

5. 施工作业平台必须满铺并具有防滑措施脚手板，同时平台四周设置临边防护、踢脚板、安全防护网及警示标识标牌等。

6. 支架搭设完成后，施工单位要严格按照监理工程师审批的支架预压方案，对支架逐级进行加载预压。并按测量监

测方案进行测量监测，同时做好监测记录，以验证支架整体安全稳定性，及时消除支架非弹性变形，保证支顶结构的强度及刚度；以加载卸载后的支架弹性变形测量数据作为底模预拱值调整的参考依据。

7. 支架拆除前，应提前提交拆除申请，经施工单位技术负责人、安全技术管理部门及监理工程师批准同意后方可实施拆除作业。作业前需对施工作业人员进行有针对性的安全技术交底。设置安全警示区域并悬挂标志标牌，派专职人员指挥。

8. 盖梁底模及贝雷架卸落时严格控制两侧对称平衡平稳卸落，支架在卸落前采用盖梁预留预埋件作为手动葫芦的连接吊挂点，使用钢丝绳固定贝雷架，然后在支撑钢管桩上切割5cm卸落位，将贝雷架整体卸落。应在钢管桩上做好标记，严禁违规拆除作业（图1）。

五、外包混凝土监理控制要点及措施

1. 该盖梁为大体积混凝土，为避免受水化热影响，减少混凝土表面产生的

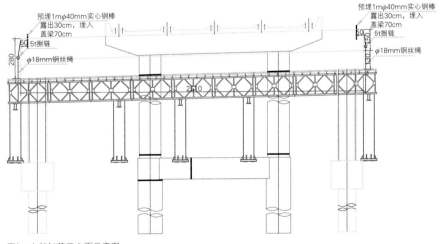

图1 支架卸落正立面示意图

裂纹，可优化混凝土配合比，控制混凝土坍落度、水灰比及外加剂掺量，保证其和易性；还可降低混凝土的温度应力，提高其抗裂性能。同时要严格控制入模温度，如气温高于35℃对钢模板外侧采取喷淋降温措施。

2. 检查混凝土拌和物的原材料质量及配料称量。施工单位要严格按照监理工程师批准同意的混凝土配合比生产。

3. 监理工程师要求施工单位在混凝土拌和物生产过程中应按规范规定频率检查坍落度及和易性，符合要求后方可使用。

4. 为控制施工缝质量，在浇筑前施工缝之间采用水泥结晶胶粘剂进行处理，且混凝土表面湿润。

5. 浇筑过程中现场监理人员应随时抽查模板及预埋件，避免其在浇筑过程中发生胀模及位移变形。

6. 现场监理应按旁站方案做好旁站工作，并对混凝土试件进行抽样，检查混凝土强度。混凝土应连续分层浇筑，分层厚度宜控制在30~40cm范围内。浇筑原有盖梁两侧混凝土时，应两侧对称进行，预防模板体系偏压。混凝土浇筑过程中，应加强混凝土振捣，严禁出现过振或漏振现象，并派专业人员检查模板及支架。如发现异常情况，应立即停止施工，查找原因并采取有效处理措施，并记录现场实际情况。

7. 当混凝土浇筑完成且达到初凝后，应及时进行养护，且养护期不得少于7d。

六、预应力监理控制要点及措施

1. 钢绞线、锚具等进场材料，使用前必须按规定进行抽样检验，检验合格后方可使用。

2. 波纹管安装纵横坐标位置必须符合设计要求，为预防浇筑过程中管道漏浆及管道堵塞，拟采取波纹管内置PE管芯棒保护波纹管道。

3. 盖梁预应力张拉前，必须严格按照公路桥涵施工技术规范规定要求对张拉设备进行校核标定，从而确定标定的关系曲线。并计算张拉压力表读数及理论伸长值。且混凝土强度及养护龄期要满足设计文件规定要求后，才可进行预应力张拉。

4. 为防预应力张拉受力不均匀，避免钢绞线交叉缠绕，要求施工单位采取编束并编号。

5. 张拉采用智能张拉设备两端对称逐级进行张拉，张拉顺序严格按设计文件要求执行，钢绞线伸长率严格控制在规范规定的±6%范围以内。

6. 张拉时，监理做好旁站记录，如发现断丝、滑丝或锚具损坏，应立即停止操作进行检查。当断丝、滑丝数量超过规范规定值时，应及时抽换钢丝束。

7. 为避免预应力筋锈蚀，预应力筋张拉锚固后在48h内，采用真空灌浆工艺及时进行管道压浆及封锚。压浆前对孔道进行清洗，保证孔道内无残渣及积水。水泥浆应搅拌均匀，并严格控制水灰比、注浆压力、水泥浆流动性，预防管道堵塞。

8. 为了保护外露的锚具不锈蚀，预应力管道压浆完毕后，应及时冲洗外露水泥浆及杂物。为保证混凝土结合面施工质量，混凝土表面需凿毛冲洗，并按设计规定安装钢筋、模板及浇筑封端混凝土。

七、原桥墩柱切除监理控制要点及措施

1. 开工前要求施工单位组织技术人员学习有关国家法律、法规，现行的技术标准、操作规程及工程建设性强制性标准，并严格按规范标准要求进行施工。

2. 对所有参与的施工人员进行安全技术交底。

3. 严格控制施工过程的噪声、粉尘及废气污染，符合环保要求。

4. 收集原墩身设计文件资料进行分析。确保拆除墩柱后对旧桥安全性无影响。

5. 为确保施工安全，在施工现场作业区域设置醒目警示、标志、标牌、警戒线，严禁闲杂人员进入。

6. 新建盖梁千斤顶临时支顶施工：在旧桥墩柱切除施工前，在新建盖梁钢管桩支撑上安装150t千斤顶，千斤顶底部与I45工字钢进行焊接固定，使千斤顶顶托伸出，顶到新建盖梁底部顶紧即可，盖梁与千斤顶间垫2cm厚钢板，以使顶托范围内盖梁受力均匀，保护新建盖梁。千斤顶支顶系统采用浇筑新建盖梁所用的钢管桩支撑作为千斤顶的支撑体系，将新建盖梁所用的两侧钢管支撑分别移至旧盖梁跨中及旧盖梁右侧边，并在每排钢管桩顶增加1根I45b工字钢横梁（图2）。

7. 在确保施工安全的前提下，结合现场施工条件限制因素，该82号墩旧墩柱采取分节段切除，同时在各节段提前设置吊装孔，便于拆除吊装。在墩柱进行切除前必须安装好吊具。

8. 采用施工作业速度快、效率高、无振动、噪声低、无粉尘金刚石链式切割方法对原墩柱进行切割，同时对原有结构能够起到有效保护作用（图3）。

八、体系转换监理控制要点及措施

1. 体系转换使用的临时支撑体系，架设前对地基承载力、支架荷载进行安全验算。搭设时要设置剪刀撑，保证其支架稳定性。搭设完成后对支架进行预压，消除其非弹性变形。

2. 体系转换利用新建盖梁支架作为千斤顶的临时支撑，并在新建盖梁、钢管桩基础、贝雷架纵梁上布置位移监测点，以监测沉降变形和支架位移，设置预警值，并聘请专业监测单位对整个施工过程进行全程监测。立柱切割时，应时刻注意各监测点位数据处于正常范围内，确保体系转换过程中新建盖梁的结构安全。

3. 为确保施工安全，千斤顶卸荷过程中对广河高速右幅进行封闭交通管制，并请专业监测单位对卸荷全过程进行监测并做好详细记录。

4. 卸除全部荷载后，即完成新建盖梁体系转换施工，体系转换完成后拆除全部钢管桩支顶，恢复广河高速交通。

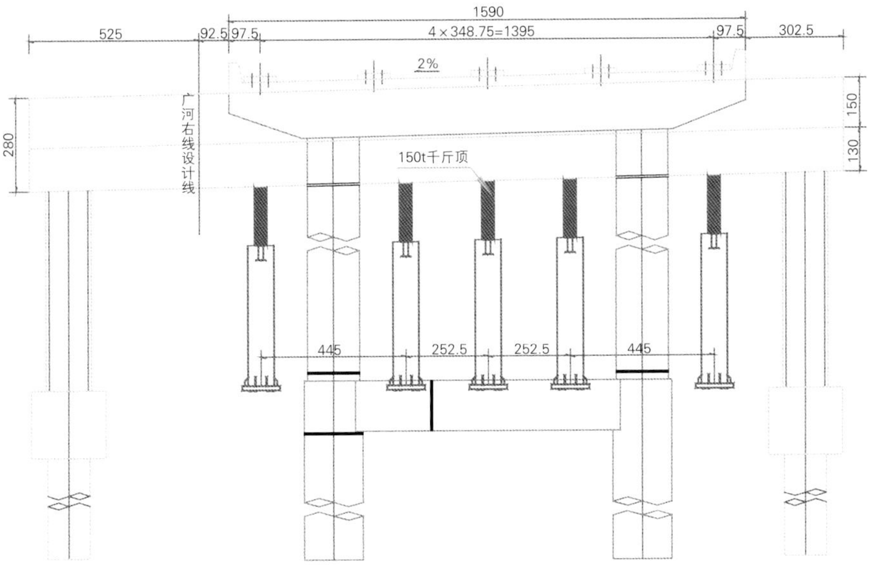

九、监测监理控制要点及措施

1. 为保证混凝土浇筑工程中支撑架体处于安全可控的状态，对整个架体进行监测。

2. 分别在每个钢管桩混凝土基础、贝雷架纵梁上每跨跨中位置布置监测点。

3. 混凝土浇筑前应确认监测点的标高，作为监测初始数据。

4. 混凝土浇筑过程中每2h监测一次，混凝土浇筑完成后的24h内每隔4h进行一次监测，并及时做好原始记录数据汇总。

5. 对每个监测点设置预警值并定时测量，以监测基础沉降变形和支架竖向位移情况，超预警值时，应及时采用技术措施进行处理，如停止浇筑、支架加固等措施。

旧桥墩割除及盖梁体系转换过程中的监控采用科学的方法，保证体系转换过程安全顺利完成，同时也避免了新建盖梁出现过大变形导致质量问题。

图2　千斤顶布置正立面示意图

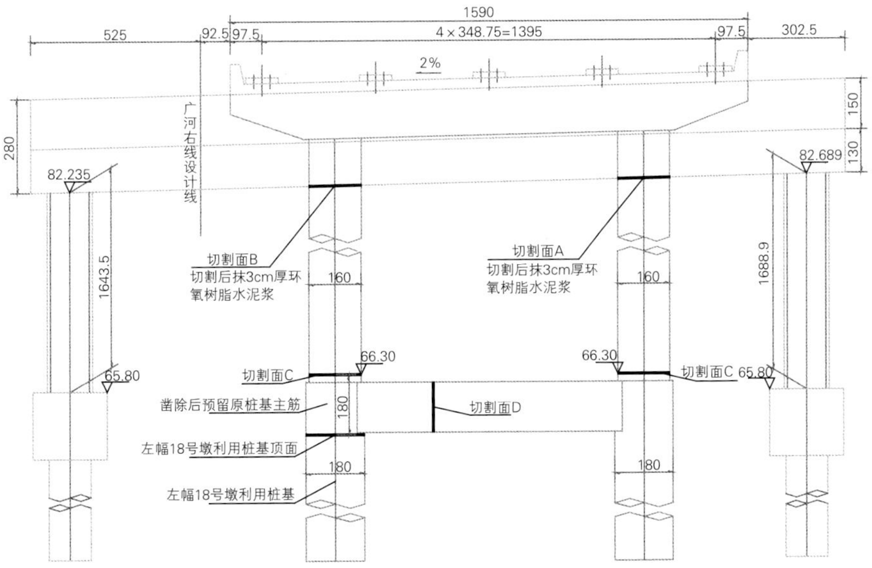

图3　切割面布置示意图

参考文献

[1] 苏健峰. 浅谈搭接柱转换技术在工程中的应用[J]. 广东土木与建筑, 2007 (3)：21-22, 31.

[2] 韩菊红. 新老混凝土黏结断裂性能研究及工程应用[D]. 大连：大连理工大学, 2002.

[3] 赵邦坤, 孙福元. 高速公路旧桥桥墩下部结构替换工程工艺探究[J]. 工程技术与应用, 2019 (21)：52-53.

[4]《建筑结构荷载规范》GB 50009—2012。

[5]《公路桥涵施工技术规范》JTG/T 3650—2020。

[6]《建筑施工高处作业安全技术规范》JGJ 80—2016。

[7]《公路桥梁加固施工技术规范》JTG/T J23—2008。

轨道交通工程质量安全管控工作总结

刘 卫

江西中昌工程咨询监理有限公司

摘 要：南昌地铁经过8年的建设，中昌监理从1号线02/03监理标开始，当前已顺利完成2号线03标的施工任务，地铁4号线监理02标正在建设中，为了归纳提升监理的管控水平，特对南昌地铁2号线03监理标在建设过程中的特点、重难点，工程创新及各专业监理工程师专业强化措施进行总结分析，为后续在地铁或其他项目施工提供经验。

关键词：重难点管控；工程创新；专业管控；成果总结

一、引言及工程简述

南昌轨道交通 2 号线 03 监理标由阳明公园站至辛家庵站，沿线分别穿越旧城中心区、城东片区等，主要途经阳明路、八一广场、南昌火车站等大的客流集散点。

所有站点、区间全部处于城市中心区，人多车密、交通疏解难、场地狭窄、施工环境差、地下水位高、基坑安全管控难，既有 2、3 号线换乘大型异形基坑，又有半盖全盖，技术要求高，施工风险大，对南昌轨道交通 2 号线 03 监理标内进行总结，具有重要意义。

二、工程特点及重难点及应对措施

（一）位于市中心交通疏解难度大

2 号线土建 03 标车站全部在老城区，均占据主干道进行建设施工，对原有道路交通影响巨大，如福州路站及福八区间经历过五次交通导改施工，阳明公园站经历六期导改，如何做好新建车站的交通疏解是本项目最大的特点之一。

应对措施：

1. 组织相关单位进行前期调查，统筹考虑，全面规划，进行实地踏勘，在满足施工需求的情况下，尽量压缩围挡。

2. 将需迁改的管线覆盖在围挡内，防止了多次重复围蔽对交通产生更大影响。

3. 增设临时盖板，作为临时导改道路。

4. 取得了交管部门的大力支持，对站点周边严禁乱停放，增加站点周边的通行能力。

5. 在地铁施工区域沿线及外围道路设立大量的交通导示牌，强化分流作用。

6. 采取夜间施工，将封路时对交通造成的影响尽可能降到最低。

（二）老城区管线布局复杂迁改[1]困难

南昌地铁 2 号线土建 03 标所有车站均位于老城区，由于历史原因很多管线管位及埋深很难探查，同时在各路口及道路两侧强电、弱电、自来水、燃气等各种管线密布，迁改工作复杂难度大。

应对措施：

1. 配合产权单位进行交底，并仔细摸排管片分布，形成书面管线布置图。

2. 对迁改管线预定管位路由，结合产权单位要求，制定迁改方案。

3. 督促迁改时间及质量要求，避免反复迁改。

（三）半盖挖顺作法[2]施工难点

1. 逆作顶板临时立柱（格构柱），它是半盖挖顺做法的竖向支撑体系，因此格构柱的焊接质量控制是本工程重点。

2. 逆作顶板结构内衬墙钢筋采用直螺纹套筒连接，如何确保预留钢筋接驳器能有效连接是施工的一大难点。

3. 后浇混凝土与逆作顶板无缝相接是半盖挖顺作法施工的难点。

应对措施：

1. 在施工期间监理人员对每一道焊缝均进行仔细验收，并请有资质的检测单位采用无损探伤检测技术进行检验，检测结果达到 1 级焊缝要求。

2. 本工程在施工前根据设计钢筋间距进行测量放线，并在模板上标记，在钢筋接驳器安装后，将钢筋在水平位置进行焊接固定，使后期顺作结构内衬墙时，钢筋均能顺直有效地连接。

3. 本工程在盖板下结构墙、柱混凝土浇筑时，将墙、柱模板上口做成喇叭状，控制模板上口标高比混凝土相接处高 15~20cm，后期凿除多余混凝土，避免了混凝土在自然收缩下形成缝隙，使混凝土紧密连接。

三、工程创新

为了加强南昌地铁 2 号线 03 土建监理标的复杂技术条件及庞大的监理管理体系，进一步强化技术及管理，在地铁 1 号线施工技术及管理上进行了优化创新。总体情况见表 1。

创新技术及管理措施汇总表　　　　　　　　　　　　　　　　　　　　　表 1

技术创新		
序号	技术创新点	技术优势
车站创新		
序号	技术创新点	技术优势
1	车站主体结构侧墙采用复合衬砌结构	复合衬砌结构的技术优势[3] 1. 叠合墙预留钢筋接驳器难度较大；而复合墙体分为两个单独的墙体，不存在预留接驳器问题。 2. 叠合墙连续墙接缝处无法预留钢筋接驳器；而复合墙无须预留接驳器，整个墙体同时施工，整体结构强度容易控制，不存在局部削弱问题。 3. 叠合墙边节点接缝漏水腐蚀钢筋；复合墙结构由于防水隔离层的存在，结构质量好，防水效果好。 4. 叠合墙结构板钢筋对接难度大；复合墙板筋直接锚入内衬结构，安装方便，质量可控
2	玻璃纤维筋代替传统钢筋	玻璃纤维筋[4]的技术优势： 1. 玻璃纤维筋在性能上和钢筋基本相似，与混凝土有很好的黏结性，同时又具有很高的抗拉强度和较低的抗剪强度，可以很容易地被复合式盾构机直接切割，而不会造成异常的刀具损坏。 2. 玻璃纤维筋代替盾构围护结构中的钢筋，可以保证工作井围护结构的安全，而且盾构始发、到达施工时不需要人工破除洞门，减少了盾构施工的安全风险。 3. 使用玻璃纤维筋的成本更低，施工工序也更加简单，同时还降低了施工风险，提高了施工效率，减少了资金投入
盾构技术创新		
序号	技术创新点	技术优势
1	康达特液态高分子聚合物作为常规手段	康达特聚合物是一种土体改良凝水聚合物，主要提高渣土塑性，减少土舱内含水量，防止喷涌[5]
2	首次配备地质雷达及专业人员全段扫描指导施工	引进地质雷达[6]并配备专业人员随工程进度全部进行地质扫描，确定空洞及管线位置并采取有效措施，提前做好预控工作
3	南昌地铁首次引用钢纤维管片施工	顺辛区间钢纤维管片与普通管片相差就是增加了钢纤维，使得钢纤维管片强度提高 5MPa，达到 C55 强度[7]
4	引用管片排版图用于指导工程施工	管片排版[8]的意义：给出拟合误差图，为现场的施工技术人员在管片拼装选型决策时提供参考。 静态管片排版图，利用设计图纸进行平竖曲线每环模量进行计算，控制盾构掘进姿态。 动态管片排版需测量管片上、下、左、右超前量，根据超前量重新计算管片排版图用于施工指导
管理创新		
序号	管理创新点	制度说明
1	盾构优化管理制度	1. 组织、建立管理人员值班制度 在盾构穿越建（构）筑物期间，由施工生产安全管理、技术管理人员进行现场值班，以充分保证盾构各工序的有效衔接，技术及安全管控。 2. 设备的巡检制度 盾构穿越建（构）筑物过程中，每环需巡检盾构机、龙门吊、后配套、燃油机车组、浆液搅拌站，发现问题及时处理。 3. 成立聚合物压注班组 为确保盾构施工过程中快速、有效地处理喷涌现象，成立高分子聚合物压注班组，按每天两班倒，全天及时供应。 4. 成立二次补浆班组 每天两班倒，确保现场 24h 连续作业，可满足每环二次注浆要求
2	盾构掘进指令单制度	由总工下发当天的掘进主控参数波动范围、同步注浆量及需要补注二次注浆环数及点位，形成指令单。若盾构机手发现与指令单不符，立即上报总工及监理盾构技术负责人，双方对现场实测数据确认后再进行调整，并变更指令单
3	计量签核会审制度	在原负责土建监理工程师、总代及总监审核的基础上，项目增加试验专监、安全专监、测量专监，确保各专业监理工程师指令的顺利实施

四、各专业监理过程控制及实施成效

各专业监理在实施过程控制中心略有不同，如安全重点需注重条件验收才能预控风险，条件验收领航项目实施；监测重点数据比对及分析数据发展趋势，护航项目实施；重点注重试验方案先行、审核及交底，是项目实施的重要核心。

（一）安全监理实施控制及成效

南昌地铁 2 号线 03 监理标在 2013 年底至 2019 年 6 月 30 日通车期间，累计辨识三级以上风险源 333 项，重大风险源 150 项，无重大人身伤亡事故，监理安全工作切实有效。

强化安全措施如下：

1. 专项方案审核 153 个，完善程序。

2. 安全旁站控制。根据重大风险监理控制要求，监理部对重大风险源工序施工时进行旁站，发生问题及时要求施工单位整改落实，强化过程管控。

3. 风险提示措施落实。安全风险提示以短信加微信形式，将下周工作需注意的工程风险重点及措施由安全专监告知各驻地监理。

4. 日常监理安全管控措施。监理日巡 7045 次、周（月）检查 1970（492）次、整改通知单 107 份、安全工作联系单 289 份，是监理安全管控的基础。

5. 专项排查及专题安全例会的落实。监理除定期检查外，还进行专项隐患排查 94 次，均要求限时整改，并督促其整改到位。现场除召开监理例会外，不定期组织专题安全监理例会 43 次，对现场存在的安全问题及隐患，要求及时纠正，监理监督实施。

6. 加强安全内部学习及旁站施工单位交底。监理部完成对内细则交底 26

次，并组织全体人员进行学习培训 8 次，旁站施工单位交底次数累计 720 次。

7. 其他安全管控措施。落实重大风险源施工领导（总监、总代）带班、重大风险源施工前条件验收等措施要求。对恶劣天气、特殊情况，现场加强巡视，以照片加文字的形式，两小时一次上报业主微信工作群。

（二）试验监理实施强化控制措施及成效

1. 试验监理实施成效

南昌地铁 2 号线 03 监理标计划取样数量 11948 批，实际取样数量 11990 批，增加 1446 批，原材料、工艺性检测合格率 100%。

2. 试验检测工作监理强化控制措施

1）建立工地试验室

每个工点建有工地试验室，并具有除委托试验外的自检项目和试件标准养护条件。

2）重要的试验检测项目全过程进行见证旁站

对于具有特殊性的检测，如桩基检测中的超声波、低应变、钻孔取芯、混凝土衬砌管片成品检测、盾构吊耳焊接无损检测等均进行了全过程旁站检测。

3）强化与驻地办的试验工作配合

本标段八站八区间，各站点配置见证人员与试验工程师配合，材料进场后及时向试验检测工程师进行报告并相应地进行见证取样。

（三）测量监理实施控制措施及成效

1. 监测测量工作成效

测量工序复核：土建 5 标 382 份、土建 6 标 265 份、土建 7 标 248 份，复核结果均符合设计及规范要求。

监理监测比对分析工作：土建 5 标 1647 期、土建 6 标 1805 期、土建 7

标 1907 期，总体可控，局部偏差及时纠偏。

2. 监测测量强化措施

1）现场的监测仪器精度必须达到二等水准的要求。

2）监测项目不够全面，对基坑变形、道路塌陷、建筑物和管线等控制不力，需增加动态补充监测点。

3）实施技术手段常规，监测信息反馈速度较慢、效率较低，制定处罚制度督促施工单位及时上传数据。

4）第三方监测和施工单位监测人员以学生为主、流动性大，制定人员资质审核制度，确保人员资质要求。

五、工作心得

如何做好诸如地铁建设复杂条件在老城区的安全、质量、进度管控，重要监理措施有以下几点。

（一）风险辨识是开展地铁施工的首要条件

本标段涉及基坑开挖、支模体系施工、起重吊装、临时用电、管线保护、安全评估报告、盾构吊装、盾构掘进、盾构始发、龙门吊安拆等众多风险源，风险辨识控制到位，才能体现"预防为主"的安全方针，是监理单位事前控制的重要手段之一。

（二）质量管控注重样板引路

本标段在每道工序前经建设、监理、施工联合验收合格后，树立施工范本，以范本作为模型和验收的控制标准，确保工程质量。样板确定统一了质量尺度，可针对质量通病制定控制措施，还可以优化实施设计方案，从而达到确保质量、降低经济成本、提高效率的目的，是监理单位重要质量控制手段之一。

（三）技术方案同周边环境紧密结合

地铁建设为优化交通疏解，导致交通导改次数较多，流水施工若未配合到位，施工进度较难有较大的突破，为此地铁项目技术方案、周边环境控制需紧密结合，监理在审定技术方案的同时，还需考虑施工进度计划，考虑流水节奏及步距，这是监理对进度控制的重要环节之一。

（四）监测控制强化事中控制

施工过程中，通过监测可及时发现施工过程中的环境变形发展趋势，及时反馈信息，达到对风险源防控的目的，因此，监测数据分析比对控制是监理控制风险的重要手段之一。

（五）信息化平台管理成为项目强大助手

信息化平台分为业主单位平台及监理内部平台，业主通过平台管控重大风险源，如对盾构进行24h信息化管理，出现异常参数直接越过施工、监理进行报警，若监理单位未及时发现将对监理

单位进行处罚，其监管能力极强。监理内部利用微信、QQ等平台实施动态信息管理，提高管理工作和信息管理效率，并且公开监理工作，是展示监理业务水平的重要方式。所以在地铁项目施工中，信息化平台管理是项目实施强大助手，是监理信息化管理的重要手段之一。

（六）不断总结标准化管控经验成为项目推进保证

项目实施过程中，为了强化监理队伍的管理、规范施工单位的质量、安全管控，从南昌地铁1号线就开始标准化的建设工作，并配合业主单位制定了一系列的管理体系文件，为南昌地铁建设提供管理保障。2号线在1号线的基础上新增完善标准化管理32项，细化到重大风险源管控、日常安全检查、样板（条件）验收等各个层次，是监理对项目管理的全面控制手段，质量、进度、安全管理的重要保障。

南昌地铁2号线03监理标从安全、技术等方面，均有其特有的难点，尤其

是风险源管控。今后将以此为基石，更加严谨高效、勇于开拓、锐意进取，持续为南昌市建设精品型工程尽最大努力，打造行业监理标杆。

参考文献

[1] 王刚，闫一川，李航．城市明挖隧道复杂管线保护设计 [J]．科技风，2020（29）：96-97．
[2] 邹远宏．南昌某地铁车站深基坑半盖挖顺作法与逆作法变形规律研究 [D]．江西：南昌大学，2022．
[3] 张勇，姚宪平，朱祖熹．地下工程中"新叠合墙"结构形式的设想 [J]．地下工程与隧道，2010（4）：12-16．
[4] 杜鹏，高群山．城市地铁站点盾构穿行处玻璃纤维筋地下连续墙施工技术 [J]．建筑施工，2021，43（6）：1082-1084．
[5] 刘卫．南昌市老城区盾构施工技术研究 [C]//第二届全国水下隧道建设与管理技术交流会论文集，2015：68-75．
[6] 姜凌鹏．地质雷达超前预报技术在盾构工程中的应用 [J]．城市道桥与防洪，2020（7）：295-296，305．
[7] 张帆，廖霖，赵健，等．钢纤维混凝土管片设计及试验研究 [J]．建筑结构，2021，51（9）：63-69．
[8] 王春凯，欧记锋．盾构管片排版研究 [J]．建筑工程技术与设计，2014（3）：249-249，252．

浅析杭州萧山国际机场新建 T4 航站楼项目全过程咨询服务

任 倩

上海建科工程咨询有限公司

摘　要：本文依托杭州萧山国际机场新建T4航站楼项目全过程咨询服务案例，对全过程工程咨询服务实施措施及成效进行阐述，在此基础上探索更多可复制、可推广的经验。

关键词：全过程咨询；创新组织模式；大型航站楼

一、服务背景

（一）行业背景

随着近些年民航业的大力发展，国内机场建设类项目投资总额也在不断增加，且单个项目呈现建筑体量大、投资规模高、建设周期长的趋势。然而由于受传统的管理体制和管理观念的束缚，我国机场工程整体的工程项目管理水平较低，管理模式单一、达不到预期目标。为此，还需用创新的思路、系统性的思维对这一项建设工程投资规模大、建设周期长、技术复杂、参与单位多、管理风险极高的大型机场工程项目进行科学有效地管理，提高工程项目管理水平，使有限的资源得到最佳配置，建设高质量、高水准的现代化机场。

同时，以集成服务为宗旨的全过程工程咨询服务模式于 2017 年在全国范围内开始进行试点。相比于传统项目管理、监理及其他专项服务，全过程工程咨询服务内容和模式具有多样性。因此，建设单位在选择建设管理服务时，同样具有多样的组合选择性，且服务组织实施方式可根据其自身实际需求组织，因此不同建设项目均存在一定的差异性。

杭州萧山国际机场三期新建航站楼工程作为国内首个采用全过程工程咨询项目的大型机场改扩建项目，在机场工程建设项目管理服务上具有一定的探索性。

（二）项目背景

1.工程项目概况

杭州萧山国际机场三期工程整体投资约 270 亿元，属于机场改扩建项目。整体工程为一次报批，分阶段建设。其中新建 T4 航站楼是三期工程的核心项目之一，总建筑面积约 73 万 m^2，其中一阶段已完成建筑面积约 67 万 m^2。航站楼桩基工程于 2018 年 12 月开展先行施工，主体工程于 2019 年 10 月开工，2022 年 4 月竣工，2022 年 9 月航站楼正式投运（图1、图2）。

图1　萧山国际机场三期效果图

图2　萧山国际机场三期实拍图

2.工程项目特难点

整体三期工程涵盖了新建 T4 航站楼、交通中心工程、飞行区工程、民航专业工程及相关设备安装工程、站前高架及市政管廊管沟和代建的高铁站房等，且与地铁机场站穿越航站楼段存在共建，整体建设规模大、关键技术难点多，属于大型复杂工程项目管理，专业性强。

根据施工总承包合同工期 900 日历天要求，较国内同级别的机场航站楼建设工程项目，整体工期短、进度管控要求高。

本工程建设管理参建单位多，包括新建航站楼、交通中心、飞行区、民航专业工程及相关配套工程，合同界面、施工界面、管理界面均存在一定程度的交叉。

建设单位工程管理团队依据原有的基建团队成立新的指挥部，其人员数量和专业上存在一定的不足。

作为国内首个机场类建设工程引入全过程工程咨询的项目，全过程工程咨询单位进场后存在组织管理模式和定位在国内机场建设领域无相应的对标参考的情况。

二、服务实施

（一）服务内容

1.全过程项目管理工作范围

全过程项目管理主要包括：项目计划统筹及总体管理、报批报建管理、工程技术管理、招标采购与合同管理、质量安全管理、进度管理、投资管理、档案与信息管理、竣工验收及移交管理、评优评奖及保修期咨询管理等，下述工程列入本次全过程项目管理范围，如图 3 所示。

2.项目实施期间的 BIM 管理及咨询工作范围

主要包括组织落实项目 BIM 应用工作，审核项目 BIM 总体实施方案和各专项实施方案，审查 BIM 相关模型文件（含模型信息），审查 BIM 可视化汇报资料、管线综合分析和优化调整、解决方案，实现基于 BIM 的工程咨询、提交审查报告并负责成果验收。BIM 管理及咨询的服务范围同上述全过程项目管理范围。

3.工程监理范围

主要包括工程监理报告管理、施工准备阶段监理工作内容、施工过程中的质量、进度控制和安全生产监督管理、费用控制、合同信息等方面的协调管理。

（二）服务开展

1.进场阶段

由于本工程建设单位对于全过程工程咨询招标实施较晚，全过程咨询服务进场时间为 2019 年 8 月，此时工程前期报批工作均已完成，总包招标均已完成。因此，本工程全过程咨询服务内容的服务周期主要集中于建设实施期间的工程管理。

2.组织架构设定和工作分解

1）明确全过程工程咨询的组织定位

咨询服务开展阶段，通过对项目的

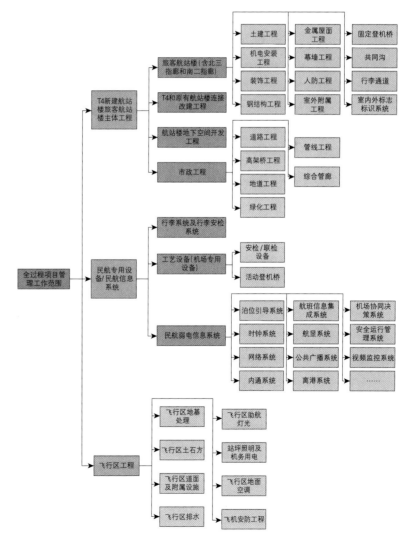

图3 全过程咨询项目管理范围

理解，开展组织架构和服务模式的策划，如建设单位和工程咨询单位之间采用直线型管理模式、新型融合式管理模式等。过程中与建设单位指挥部进行深入探讨，鉴于建设单位的工程管理部门人员组织架构设置及全过程咨询团队自身组织架构设定方面，均存在人员数量有限、专业配置难以满足需求的情况，如采用直线型，实施过程中会出现整体建设组织架构指令路线变长，甚至对于管理对象存在多头管理的可能。

此外，考虑工程项目的建设特点，应尽量充分发挥工程咨询单位在机场建设领域里积累的丰富的工程管理及专业技术方面的经验优势；秉承"统筹协调、优化结构、整合资源、优势互补"的原则与业主方进行配合。最后经讨论形成了"融合式"的管理模式，即建设单位相应工程部室与全过程工程咨询管理团队在团队组建和责权利上进行深度融合，形成大的项目管理组。所有人员相互协助，共同办公，在建设单位三期指挥部的领导下进行相应的工程管理工作。

2）明确全过程工程咨询团队的责权利

建设单位和全过程工程咨询单位之间的责权利总体原则是建设单位决策层正式授权项目管理组现场工程管理工作内容和权责，建立统一的项目管理制度，共同执行实现工程项目管理的程序化、规范化。但两者之间仍有相应的偏重，全过程工程咨询管理团队在实施过程中负责牵头组织管理及落实建设单位在工程项目管理中应处理的具体事务，如工程组织实施策划讨论、专项技术方案讨论、日常设计图纸管理发放、变更管理、过程往来函件处理、相关汇报制度、会议制度落实、合同管理等；全过程工程

咨询监理团队按照工程监理的相关规范要求执行工作，并在全过程咨询团队内负责质量安全的相关支撑。同时，相关法律法规及规范性文本上应由建设单位签署的职责仍由建设单位相关人员完成。项目管理组承担项目推进过程中所有建设单位的工程管理工作，项目管理组的管理对象主要包括造价咨询单位、招标代理单位、勘察设计单位、施工单位及专业设备供应单位等。

3.整体管理服务策划

1）总体原则

基于对工程特难点、工程目标体系及建设条件的分析，整体工程管理策划和实施原则为：建立统一的管理标准和目标，以进度控制为主线，以设计及技术把控为龙头，建立风险管控体系，采用智慧管控手段，以确保安全为底线，多角度多模块统筹管控，总体实施策略为"分区分块、样板先行、过程穿插、各专业协同穿插"。

2）统一管理标准

本工程是典型的大型机场项目群，参建单位多、专业覆盖全、工种涉及广是本项目显著特点，如何快速协调解决相关问题是重点。项目组通过一方面建立内、外两套沟通机制。通过建立组织会议、专项报告、信息发布等制度，以问题导向，协调各工序间的施工，确保建设过程中的各种外部问题得到快速解决。另一方面，设置管理层级，明晰管理流程，明确组织协调范围和层次、职责分工、工作目标，做到各区段、各专业工作不重、不漏，标准一致。避免工作中扯皮、越级和指令冲突。

3）以进度控制为主线

实施阶段的总体进度是以原定的2022年9月亚运会投运为最终节点目

标，因此整体节点计划按照工程验收完成、试运行到正式投运两个主要阶段进行排定。进度管控为本项目的核心点，在实施过程中因疫情、场地移交等不可控因素的影响，总体进度出现较大偏差。在此过程中全过程咨询单位和建设单位针对共同目标，分别从不同的角度充分发挥各自的作用进行进度纠偏，主要体现以下两个方面。

一是项目内部因素：工程推进过程中，项目管理组定期提出进度对比分析，如已存在关键线路变长或偏移，采取的措施主要是：按照合同管理内容对施工单位进行相应的书面发文及通报；召集项目管理组相关专业小组、施工总包及专业分包单位等单位进行专题讨论分析原因明确措施，并制定梳理新的计划安排。如明确的措施中，项目部层面解决不力的事宜，需要施工单位公司层面给予资源倾斜的；如资金支持、增加劳动力、采用"两班倒"等措施，通常项目组会通过汇报制度建议建设单位指挥部或建设单位层面通过正式发文、约谈等方式，督促施工单位加大投入完成进度纠偏；如涉及通过设计变更调整、材料设备品牌调整或增加措施等可以推进进度且经项目组统一审核确认后，满足变更条件的，项目管理组将跟踪建设单位自身的管理流程，督促跟踪完成相应的变更决策并签发变更指令；如航站楼土建结构和钢结构之间的搭接，在明确土建结构满足移交条件的节点后，对其前置条件如钢结构专业单位的招标、图纸深化设计的确认、加工厂备料加工计划、技术方案评审、现场施工组织准备等节点进行逐项梳理明确。

二是外部因素：在工程实施过程中，由于建设单位场地移交及相关使用

需求调整等原因，项目管理组通过管理周报及工程推进会等形式对影响的情况、程度及相关的建议进行梳理上报或汇报，力求建设单位决策组织予以协调解决。

4）以设计及技术管控为龙头

对于机场航站楼这一大型单体且复杂的建筑，一方面从设计角度进行有效管控，施工图纸的进度、深度要满足施工需求。因此，在管控过程中，项目管理组根据总体进度目标制定相应的图纸出图节点和深化设计完成及确认节点；通过组织多次图纸会审、设计交底、设计师驻场等来加快各方对设计意图和设计内容的理解和掌握，确保满足总体进度的需要。另一方面监督设计内容的完善性、有效性及可实施性，如在机场建设过程中，由于机场在空防规范相关的要求和建筑规范相关要求存在冲突，需要提前进行综合考虑和充分论证，确保在验收移交过程中不出现相互矛盾。

同时，要充分发挥专业咨询单位的技术管理水平，对机场工程建设中的特殊结构、关键复杂节点等技术方案和技术措施进行专业性管控，提前梳理控制内容，牵头组织专题会议进行审核讨论、评价分析，从原材料的加工能力和技术要求、深化设计的深度和进度、现场施工技术方案的可行性、施工前相关前置条件和相关专业的配合等多方面提出相应的优化方案和建议，梳理形成销项清单，实现专项技术实施前的全流程管控剖析，过程中进行相应的精细化管理、跟踪和把控，确保各项清单目标实现。如萧山国际机场T4新建航站楼项目中超大型网架结构钢屋盖工程与室内大空间双曲蜂窝铝板饰面大吊顶工程。

5）建立风险管控体系

引入风险管控体系：一是在工程实

施前，对每个分部工程或分项工程均进行风险进行识别和评估，并制定了针对性的风险管理措施，采取交底、检查等措施和手段动态控制风险，风险项目实施结束后消除风险，确保工程风险可控。二是针对风险的不确定性，实现动态风险管控。有效的预防和减少问题的发生，保障了工程的顺利实施。如在施工过程中，出现的疫情、拉闸限电导致的劳动力、材料供应短缺，材料价格大幅上涨等情况。全过程咨询单位通过有效的控制并及时采取相应的措施，消除或降低风险带来的影响，确保工程建设目标的顺利实现。

6）引入"智慧机场"高效管理工具

智慧机场是以"AI＋auto"为理念，以智慧平台（A－CDM运行决策系统）为核心，以大数据、云计算、移动互联网、物联网为技术支撑，在机场的建设阶段，提前引入智慧机场智慧云平台及时反映现场动态情况，包括进度、投资、工程形象、现场资源配置等情况；同时，采用BIM信息平台，可全面剖析全景模型，通过碰撞检查及关键节点模拟，实现优化和可视化交底，提高工作效率。

7）确保安全为底线

整体三期工程为改扩建工程，实施推进过程中以"不停航、不停运"为前提条件，因此除去工程建设本身的相关重大风险源控制，还需重点确保施工过程中已有现状机场的正常安全运营。如对机场社会车辆保通道路在施工区域的多次导改的防护、施工场范围内各类重要管线的迁改、局部围界调整等。

8）多角度多模块统筹管控

在总体实施策略下，按照进度管理和设计管理两大主线，对应的招标采购及合同管理、组织协调管理、质量安全

管理等多管理模块也同步匹配，如材料设备的采购计划及品牌变更等方面；同步制定相关制度进行管理以确保进度，如对于标段和标段之间、空侧和陆侧之间、民航专业和非民航专业之间界面关系，包括设计界面、施工界面、管理界面进行全面的梳理和协调等，从项目整体的高度对本工程的建设实施进行策划，以达到统筹全局的作用，重点从16个方面对本工程进行整体策划。

三、服务成效

（一）工程项目管理服务是工程建设不可或缺的一部分，而全过程工程咨询更是强调技术、经济及管理于一身的综合性集成服务。优质咨询服务最终的目的是实现投资价值的最大化。面对如此复杂且大体量的建筑群，本工程通过有效的管理手段和措施，确保进度实现、投资可控、质量安全平稳有序、过程程序流程完善，避免了投资浪费，实现了经济效益。尤其针对进度控制，克服了过程中不可控因素造成的工期延误的情况，基本满足目标工期要求，竣工验收后的相关移交、演练和试运行工作平稳有序，且航站楼按照原时间节点于2022年9月22日正式投入运营。在同期范围内同类规模建设工程中咨询服务效果显著，获得业内的一致高度认可，大幅提升本监理企业在民航行业的知名度！

（二）萧山国际机场T4航站楼引入全过程工程咨询服务后，采用的创新的"双融合"组织模式，较传统工作模式进一步加强了咨询公司现场团队和业主之间的沟通，提高了工作效率和团队协作能力，在充分发挥了全过程工程咨询

单位自身的管理及专业技术优势的同时，强化了过程的精细化管理，确保了实现建设单位的建设目标，达到了"1+1>2"的管控效果。这一服务组织模式也为全过程工程咨询服务在不同场景下的具体应用提供了一种新的参考。

（三）从监理行业向全过程工程咨询行业的转型角度，萧山国际机场T4航站楼这一服务案例的有效实施，也不失为最佳实践案例。对于监理企业，不仅实现了企业的监理业务的转型及工程建设管理服务维度的延伸，还在咨询类复合型人才培养方面得到强有力的实践，为企业咨询服务提供了人才支撑。

（四）作为国内机场建设，随着2017年全过程咨询试点以来，首个大型机场改扩建工程引入全过程工程咨询的项目，通过本工程的实践，为工程咨询行业积累了一定的经验，分析过程得失，有效推广有价值的内容和服务方式，真正从全社会的角度不断完善建筑行业的集成化的咨询服务，推动建筑咨询行业

环境高质量发展，取得更好的社会效益。

结论和展望

综上所述，通过对杭州萧山国际机场三期新建T4航站楼工程全过程工程咨询这一服务案例的分析，形成的相应结论及展望主要有：

（一）由于全过程工程咨询具有模块碎片化管理集成性这一特点，在工程项目前期策划时，建设单位应充分结合自身的建设管理组织模式、管理人员水平及数量、工程项目规模及特点，选择适用的服务模块及模式以匹配相应的适用场景，方能确保全过程咨询服务团队能充分发挥其作用。

（二）全过程工程咨询单位应充分对的服务案例进行总结，不断提升管理水平和管理标准，在进一步完善提升各个服务模块的专项管理能力的同时，针对大型建设工程全过程工程咨询项目，应进一步提升总控能力，真正做到理解项

目，从而实现服务质量和水平的不断提升，确保管控成效和建设目标的实现。

（三）随着国家相关部门对全过程工程咨询的政策推动，各地政府及住建部门也积极响应，相继落实全过程工程咨询相关政策，制定相关标准及规范等并陆续发布，且随着试点开始以来，项目实践案例不断增加积累，不断总结经验提升咨询水平，同时一大批优秀的咨询工程师不断成长，这势必给整体的建设咨询行业带来新的活力，进一步优化和提升建设工程咨询服务的整体水平，提升建设工程的整体效益。

参考文献

[1] 丁士昭. 工程项目管理 [M]. 2版. 北京：中国建筑工业出版社，2013.

[2] 成虎. 工程项目管理 [M]. 北京：中国建筑工业出版社，2001.

[3]《全过程工程咨询发展报告》已经完成编写即将发布 [J]. 建筑经济，2022，43（1）：102-104.

[4] 任倩. 机场航站楼建设全过程工程咨询创新实施方案探讨 [J] 建筑经济，2023，44（5）：39-45.

工程监理企业拓展全过程工程咨询服务的必然趋势与实现路径

敖永杰　　崔莹莹

上海同济工程咨询有限公司

摘　要： 我国建设工程监理诞生于改革开放的背景下，先后经历了试点、稳步发展和全面推行三个阶段，至今已走过35年的发展历程。随着《国务院办公厅关于促进建筑业持续健康发展的意见》（国办发〔2017〕19号）和《国家发展改革委 住房城乡建设部关于推进全过程工程咨询服务发展的指导意见》（发改投资规〔2019〕515号）的发布，在新的时代政策背景下，建设工程监理正面临着转型发展的机遇与挑战。本文通过对工程监理企业发展现状和趋势的分析，进而探究其转型发展的必要性，最终得出工程监理企业向全过程工程咨询转型发展的实现路径，以期为国内工程监理企业提供借鉴和参考。

关键词： 工程监理企业；转型发展；全过程工程咨询；实现路径

引言

工程监理行业在我国建设工程中发挥着不可忽视的作用，是建筑领域中的支柱行业。当今，在新的时代背景下，我国建筑市场不断发展，建筑市场的需求也日益趋向多元化，传统的工程监理企业已无法满足建筑市场多元化的发展需求，工程监理企业转型升级迫在眉睫。

2017年2月，《国务院办公厅关于促进建筑业持续健康发展的意见》（国办发〔2017〕19号）首次提出"培育全过程工程咨询"，并鼓励投资咨询、勘察、设计、监理、招标代理、造价等企业采取联合经营、并购重组等方式发展全过程工程咨询。2018年5月，住房和城乡建设部下发了《关于开展全过程工程咨询试点工作的通知》，指出重点培育全过程工程咨询，并选择了北京、上海、江苏、浙江、福建、湖南、广东、四川8省（市）以及中国建筑设计院有限公司等40家企业开展全过程工程咨询试点，其中有16家为工程监理企业，占了试点企业的近半数目。2019年3月，《国家发展改革委 住房城乡建设部关于推进全过程工程咨询服务发展的指导意见》（发改投资规〔2019〕515号）再次提出工程监理企业等咨询单位转型发展全过程工程咨询。此后各省市跟进出台的相关文件中，同样把监理放在重要的地位。另外，中国建设监理协会王早生会长也在"2019建设监理创新发展交流会"上提出："深化监理改革，一定要坚持正确改革方向，引导行业健康发展，推动监理企业重点发展全过程工程咨询。"

可见，开展全过程工程咨询对于工程监理企业来说是一次难得的转型发展机会。

一、工程监理企业发展现状与趋势分析

（一）工程监理企业规模不断扩大，综合资质监理企业数量持续增加

2011—2021年全国建设工程监理企业数量及增幅如图1所示。近10年来，工程监理企业规模总体呈扩大趋势，2021年工程监理企业总数达到12407

家，同比增长25.32%，较2011年增长90.53%。

2011—2021年全国综合资质监理企业数量及增幅如图2所示。近10年来，全国综合资质监理企业总数不断增加，从2011年的83家增加至2021年的283家，增幅达240.96%。

以上数据说明，全国建设工程监理企业规模不断扩大，综合资质监理企业数量持续增加，工程监理企业逐渐呈多元化经营发展趋势。

（二）工程监理企业从业人员队伍不断壮大，增长点主要集中在非工程监理人员

2011—2021年全国建设工程监理企业从业人员以及工程监理从业人员、非工程监理从业人员变化趋势如图3所示。近10年来，全国建设工程监理企业从业人员总体呈持续增长趋势，截至2021年从业人员总数为166.96万人，同比增长19.8%，较2011年增长118.69%。工程监理从业人员总数虽总体保持增长，但增幅较小；非工程监理从业人员增长速度较快，尤其是2021年，增幅达45.25%。非工程监理从业人员几乎接近工程监理从业人员，甚有赶超之势。

以上数据说明，全国建设工程监理企业从业人员队伍不断壮大，增长点主要集中在非工程监理从业人员，且有赶超工程监理从业人员的趋势，客观上为全过程工程咨询等多元化服务的人才需求提供了人力资源保障。

（三）非监理注册工程师增长明显，不断接近注册监理工程师

2011—2021年全国建设工程监理企业注册执业人员总数以及注册监理工程师、非监理注册工程师占比变化趋势如图4所示。近10年来，全国建设工

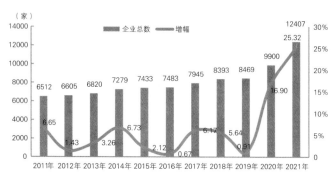

图1 2011-2021年全国建设工程监理企业数量及增幅
（数据来源：住房和城乡建设部《全国建设工程监理统计公报》）

图2 2011-2021年全国综合资质监理企业数量及增幅
（数据来源：住房和城乡建设部《全国建设工程监理统计公报》）

图3 2011-2021年全国建设工程监理企业从业人员以及工程监理、非工程监理从业人员变化趋势
（数据来源：住房和城乡建设部《全国建设工程监理统计公报》）

图4 2011-2021年全国建设工程监理企业注册执业人员总数以及注册监理工程师、非监理注册工程师占比变化趋势
（数据来源：住房和城乡建设部《全国建设工程监理统计公报》）

监理企业注册执业人员持续增长，截至 2021 年注册执业人员为 51 万，同比增长 27.23%，较 2011 年增长 221.80%。非监理注册工程师占比逐年上升，2019 年以来，非监理注册工程师占比逐渐与注册监理工程师持平。

以上数据说明，全国建设工程监理企业注册执业人员持续增长，非监理注册工程师增长明显，不断接近注册监理工程师，为全过程工程咨询等多元化咨询服务需求提供了核心人才的保障。

（四）工程监理企业经营业务呈多元化发展趋势，监理业务占比下降明显

2011—2021 年全国建设工程监理企业承揽合同额以及工程监理合同额、其他咨询业务合同额变化趋势如图 5 所示。近 10 年来，全国工程监理企业承揽合同额持续增长，至 2016 年开始快速增长，

截至 2021 年承揽合同额为 12491.65 亿元，同比增长 25.52%，较 2011 年增长 778.50%。其中工程监理合同额增长平缓，工程勘察设计、工程招标代理、工程造价咨询、工程项目管理与咨询服务、全过程工程咨询、工程施工及其他业务合同额逐年增长且呈快速增长之势。

2011—2021 年全国建设工程监理企业年营业收入以及工程监理收入占比、其他咨询业务收入占比变化趋势如图 6 所示。近 10 年来，全国建设工程监理企业年营业收入快速增长，截至 2021 年年营业收入达 9472.83 亿元，同比增长 31.97%，较 2011 年增长 534.68%。其中工程监理收入占比不断下降，工程勘察设计、工程招标代理、工程造价咨询、工程项目管理与咨询服务、全过程工程咨询、工程施工及其他业务收入占比逐

年上升，截至 2021 年其他咨询业务收入占比高达 81.84%，工程监理收入仅占 22.16%。市场实践也证明，监理企业已逐步向全过程工程咨询服务等多元化咨询服务发展。

以上数据说明，全国建设工程监理企业承揽合同额、年营业收入整体呈持续增长态势，但工程监理合同额增长平缓，且收入占比逐年下降，工程监理企业经营业务呈多元化发展趋势。

综上所述，随着咨询市场多元化需求增加，工程监理企业转型升级的内在动力强劲（市场、收入、地位等），行业结构正逐步发生变化。

二、工程监理企业转型升级的必然性分析

（一）提高工程项目投资决策科学性的需要

在传统工程项目的全生命周期过程中，由于招标单位、勘察单位、设计单位均负责各自相应的阶段，难以形成整体把控，相对于建设单位的目标控制容易出现偏差。工程监理企业发展全过程工程咨询，能够从整体上贯彻落实建设单位的目标，提高决策环节工程投资的科学性，帮助建设单位作出更为经济合理的决策，对高质量实现项目目标非常有利，并且能够节约项目的整体投资。

（二）促进工程监理企业可持续高质量发展的需要

当前，监理行业竞争日趋激烈，监理业务单一化已经成为严重制约其自身发展的重要因素。随着工程建设规模的不断增大，建设单位需求也更加多样，特别是对于那些缺乏工程经验的建设单位，对全过程工程咨询服务的需求也更

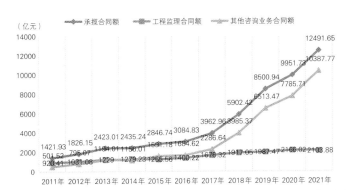

图5 2011—2021年全国建设工程监理企业承揽合同额以及工程监理合同额、其他咨询业务合同额变化趋势
（数据来源：住房和城乡建设部《全国建设工程监理统计公报》）

图6 2011—2021年全国建设工程监理企业年营业收入以及工程监理收入占比、其他咨询业务收入占比变化趋势
（数据来源：住房和城乡建设部《全国建设工程监理统计公报》）

加突出。工程监理企业应改变传统的单一服务模式，积极发展全过程工程咨询服务，不断延伸服务链，扩大业务范围，提供包含前期决策、工程监理、项目管理、造价咨询、招标投标代理、运营维护等全方位的服务内容。这样不仅能够为工程监理企业提供更大的市场空间，还能够促使企业创新发展路径，实现企业长远、可持续的高质量发展。

（三）推动"走出去"战略，实现国际接轨

工程监理是我国建筑业管理体制改革发展到一定阶段的产物，国际上没有与监理完全一致的概念。从国家设立工程监理制度初衷来看，工程监理单位应对工程进行全过程管理。但实际上，由于我国建筑业的客观状况，工程监理企业主要局限在施工阶段，对设计管理、投资控制、进度控制、合同管理、项目运营等涉及较少，一般也不参与前期策划，相比国际工程咨询服务范围过于狭窄。

随着国家"一带一路"倡议的提出，为我国工程监理企业承建各类国际项目带来了前所未有的机遇，但是也需要具备较强的综合服务能力，能够为项目提供专业化、全方位的咨询服务，包括技术、经济、法律等方面知识。因此，工程监理企业转型全过程工程咨询发展，也是顺应国家"走出去"战略，实现国际化发展的必然要求。

三、实现工程监理企业转型升级的重要举措

（一）落实全过程工程咨询发展理念，积极拓展经营业务多元化

不断学习并发展全过程工程咨询的理念，将其融入企业管理当中，由里向外融合全过程工程咨询理念并进行全面升级，改变传统的碎片化管理模式和服务模式，并着重加强企业的自主性、积极性和创造性。

拓展全过程工程咨询业务，为业主提供"菜单式"的咨询服务。对于规模相对较大的综合性咨询企业，把工程监理作为工作切入点和基础，努力延伸和拓展项目经营业务范围。纵向延伸前期策划与决策服务、勘察、设计、招标代理、造价咨询、项目管理等多元化咨询服务，横向拓展与设计企业等联合经营，运用并购重组的方式发展全过程工程咨询，在做好监理工作的同时，提供全过程工程咨询服务。

（二）动态调整企业组织架构，采用矩阵式的管理模式

工程监理企业转型发展全过程工程咨询，组织结构以及职能部门之间的关系均需要调整升级。因目前大多数工程监理企业一般多实行直线式组织结构，其特点是组织中的一切管理工作均由领导者直接指挥和管理，不设专门的职能机构。该模式最大的缺点是部门间协调差，由于全过程工程咨询的理念是服务集成化，各个阶段的服务相互衔接，所以监理企业要转型发展全过程工程咨询，需要调整升级企业组织结构，采用矩阵式组织结构，各职能部门可根据自己部门的资源与任务情况来调整、安排资源力量，提高工作效率与反应速度，相对职能式组织结构来说，减少了工作层次与决策环节，部门间沟通协调更顺畅。

工程监理企业转型升级后的矩阵式组织结构横向应为各项目部，每新增一个项目就需要成立一个新的项目部。纵向为企业各职能部门，全过程工程咨询的组织结构体系中，各项目部不宜采用固定的人员配置，所有的人员配置都要紧随项目的特性、项目的发展、业务的需求等，从各职能部门中挑选，然后组建成一个项目部，保证项目各阶段的连续性和一致性，并高效开展工作。在项目结束后人员再回到自己原来的部门或参与到其他项目中，使企业的资源得到更加有效的利用。

（三）加快推进企业数字化管理，搭建全过程工程咨询服务平台

当前，以5G网络、数据中心等新型基础设施建设为代表的"新基建"蓬勃发展，"数字建筑""数字城市""智慧建筑""智慧城市"将会得到大力发展。数字化时代的到来，一方面将工程监理对象由单一的传统工程转变为传统工程与"新基建"并行发展的局面；另一方面由于智能建造、数字交付等快速发展，需要工程监理企业与时俱进，加大科技投入和新一代信息技术应用力度，积极推进企业数字化、智能化转型。

工程监理企业应综合应用建筑信息模型（BIM）、城市信息模型（CIM）、区块链、大数据、云计算、物联网、地理信息系统（GIS）、人工智能等新一代信息技术，掌握先进科学的工程咨询及项目管理技术和方法，利用现代化互联网技术和IT技术搭建全过程工程咨询服务平台，实现以工程进度为主线、建筑数据为载体、投资管理为核心，通过以成本控制、进度控制、风险管理、质量控制为目标的总控管理，实现对目标工程的现场精细化管理。为建设单位、设计单位、总承包方、施工单位、监理单位等各参与单位提供高效、便捷的协同交流信息环境，进而实现各方工程项目的信息整合，协助各参与方的整体协调

与优化，对于工程项目的进度、质量、建章立制、安全管理等信息和工程档案进行整理归档和分类，将项目各参与方纳入工程项目的现场管控平台，真正实现项目全生命周期的信息实时共享和有效利用。

（四）大力引育咨询行业人才，加强企业人才队伍建设

在现代企业和经济发展形势下，人才是企业的第一资源，尤其是对于智力服务型企业而言。作为智力服务的提供者，工程监理企业应充分认识人才队伍建设的重要性，制定和实施与企业转型发展相匹配的人力资源发展战略，不断完善企业内部人才梯度建设。要重视人才选拔，从企业内部和市场中发现人才；要加强专业人才培养，理论培训与实践培养相结合；不断提高人员素质，为提高企业核心竞争力，实现企业全面转型

升级全过程工程咨询服务企业提供坚实的人才保障。

工程监理企业人才队伍建设应贯穿招聘、培训和任用全过程，要为全过程工程咨询服务打造良好的人才培养平台，完善人才引进与储备机制，积极吸纳不同的人才，根据不同阶段和不同职能工作，引进和储备各类人才。比如在前期策划中，应配备造价师、策划师、设计师等，在施工阶段要配备监理工程师和招标工程师，才能将各个阶段有效衔接，以确保工程项目的连贯性和目的性。

同时，工程监理企业还可以运用校企合作的方法来培养人才，与高校合作，交换人才，互补互助，提高基础理论知识储备，再将理论知识运用到实践当中，便可以更加直接地提高个人能力，为发展全过程工程咨询服务培养全能型、复合型人才。

结语

工程监理企业转型升级为全过程工程咨询服务企业将是一个艰难而漫长的过程，不是所有的监理企业都要转型全过程工程咨询发展，对于一些大型的综合性咨询企业，可以运用自身资金、经验、能力，积极响应转型升级的号召，在实践中积累经验。同时，政府、协会等各方力量也要进一步加强完善市场体系的构建，使工程咨询行业更加规范化与专业化，为工程监理企业提供参考学习平台。另外，政策支持和市场需求是工程监理企业升级转型的直接动力，工程监理企业在发展工程监理业务的同时，不断地延伸咨询服务链，转型全过程工程咨询发展，积极为工程咨询行业贡献力量。

以勤勉树德，以专业立信
宁波国华金融大厦项目（地标性建筑）经验介绍

孙 远

上海宝钢工程咨询有限公司

摘 要： 本文简单回顾了监理行业与公司的共同发展，介绍了宁波国华金融大厦作为当时的地标性建筑工程项目的全过程监理履职情况，展望了公司未来的发展。

关键词： 项目介绍及总结；回顾；分享；展望

2023 年是中国建设监理协会成立 30 周年暨工程监理制度建立 35 周年。我国自提出工程监理制度，经历了准备阶段（1988 年）、试点阶段（1988—1992 年）、稳步发展阶段（1993—1995 年）以及全面推广阶段（1996 年至今），无论从理论上还是实践上都积累了丰富的经验。

建设监理是我国改革开放后迅速发展起来的一项重要工程管理制度，对于建设工程质量、安全、工期与投资的管理控制有着重要意义。

上海宝钢工程咨询有限公司，是由上海宝钢工程技术集团和 4 家国内知名的冶金设计研究单位共同投资成立的有限责任公司。公司前身为上海宝钢建设监理有限公司，创建于 1994 年，是一家拥有工程监理综合资质，甲级设备监理、甲级造价咨询、甲级工程和设备招标代理、甲级中央投资项目招标代理、甲级政府采购代理、甲级人防监理及工程咨询、信息监理、科技经营等资质和能力的综合性工程咨询公司。公司在业内率先通过了 ISO9001：2008 质量管理体系、ISO14001：2004 环境管理体系、GB/T 28001—2011 职业健康安全管理体系认证，是中国设备监理、中国冶金建设、中国建设监理和上海市咨询行业等近 15 家协会的理事单位。

公司参与了众多重点及精品工程的建设，其中宁波国华金融大厦项目建设时作为宁波市第三高楼，属于典型地标性建筑，有其代表性。

一、项目概况

本项目为超高层办公综合体，由一栋主体 43 层 197.65m 的 A 塔楼（结构总高度 206.25m）和 4 层 23.35m 高的 B 裙楼组成，地下 3 层，其中地下一层局部设夹层自行车库。总用地面积 14733m²，总建筑面积 151753.29m²，地上建筑面积 110010.03m²，地下建筑面积 41743.26m²。

塔楼结构体系：采用筒中筒（斜交网格 – 剪力墙），裙房采用框架结构体系（部分斜柱）。钢桁架板 – 混凝土组合楼板，混凝土楼板体系。

本项目建筑结构安全等级为二级，建筑抗震设防类别为丙类。抗震等级为：剪力墙抗震等级为一级，框架抗震等级为二级，建筑耐火等级为一级，砌体工程的施工质量控制等级为 B 级；人防等级为核 6 级、常 6 级；防水等级：地下室二级（种植顶板区域为一级），屋面一级；设计高程采用黄海高程系统，±0.000 相当于黄海高程 3.70m。

本项目自 2015 年 7 月第一次工地会议开工起，至 2020 年 10 月正式验收。

二、项目监理机构、监理人员

按项目特点、规模、管理要求，组建了项目监理组，配备了具备较高的专业技术能力、监理经验丰富、职业素养较高的项目总监、土建、钢结构（制造、安装）、电气、设备、安全等各专业监理工程师，共计19人次。

为全面做好监理工作，重视项目监理组内部建设和管理，结合公司管理体系文件、管理制度等，推行制度化、规范化和程序化管理，使监理组整体水平得到较大的提升。

三、施工过程中出现的问题及处理情况和建议

1. 钢筋机械连接质量问题。5根钢筋有3个钢筋接头在同一连接区段内；钢筋套筒丝扣未拧到位；加强钢筋加工、安装质量，特别是承台受力筋的布设问题；遇格构柱区域的布筋问题，钢筋的机械连接质量问题；严格执行设计要求和验收标准，现场的施工组织和质量管理要着力加强；对于后续格构柱区域的受力筋布设，要求认真落实设计文件精神。

2. 防水施工细部质量问题。承台拐角搭接处、阴阳边角处漏铺，搭接长度不够，搭接处卷材薄膜未撕掉；卷材表面起鼓未做平面压实；钢筋安装时造成卷材破损，注重防水施工质量，渗透结晶和卷材，都要认真执行相关标准和要求，特别是边角细部质量；渗透结晶的基面清理和施工顺序问题，要求施工方认真落实并对不合格的组织整改报验。

3. 裙楼梁柱钢筋搭接、锚固长度不足，弯起钢筋下料错误，监理工程师加强现场质量管控，应严格按设计、规范进行验收，施工单位对检查出的质量问题不能有效、及时整改，不得进入下道工序，且可按项目管理规定对责任单位进行处罚。

4. 塔楼核心筒混凝土产生裂缝，分析原因、评估裂缝对结构产生影响，经现场查看，裂纹主要有竖向、水平向、龟裂裂纹。竖向裂纹主要原因是墙较高，形成长向收缩裂纹；水平向裂纹主要原因是由混凝土在凝固过程中的沉降作用引起，较为规律；龟裂裂纹主要是由表面温度收缩引起。因是核心筒，在干燥状态下，水蒸气渗入裂纹产生破坏的可能小，竖向裂纹会减少，水平向裂纹因上部荷载会慢慢减少、消失，龟裂纹极细且浅，以上裂纹不会对结构受力造成影响。

四、施工质量控制情况

（一）采取手段，对施工质量进行控制

1. 日常巡视：每日巡视施工现场实体工作，及时发现问题并督促整改。

2. 关键工序旁站监理：对于桩基、混凝土浇筑、防水、高强度螺栓紧固、桩检测、植筋抗拉拔试验、钢结构焊缝检测等关键工序执行全过程旁站监理。

3. 施工实施前方案审批：各专项施工前必须对施工方案进行审核，并监督施工单位依据经审批的方案进行施工。

4. 停止检查点验收：针对隐蔽工程验收，设置停止检查点，未经监理验收合格，不进入下道工序施工。

5. 定期召开周例会：每周对现场出现的质量问题进行跟踪闭环处理，不留死角。

6. 召开质量专题会议、现场技术交底：针对现场施工存在的问题，召开专题会议专项解决，结合验收规范及设计图纸要求，对施工单位质量管理人员进行现场技术交底。

（二）按照"鲁班奖"工程质量要求组织学习开展项目监理组业务培训

本项目质量目标为"鲁班奖"——总包前期承诺，后期取得国优后，业主表示接受此成果——为此，项目组提前进行质量策划，从项目之初，即要求监理工程师按照"鲁班奖"质量要求，对项目各专业、各工序进行严格的质量控制。

根据项目质量要求，请公司专家来项目部为项目监理组及业主单位、施工单位相关人员进行宣讲相关创"鲁班奖"工程的前期、过程中、竣工验收的要求，管控要求，及"鲁班奖"工程应达到的相关标准。施工单位也邀请本单位的质量、技术部门负责人及创优工程专家现场培训，主动参加相关知识的学习，了解创奖程序、所需资料、现场检查的重点等，做到心中有数。

（三）组织项目组内部技术学习

如本项目的高度、高品质的民用建筑，项目组工程师做过类似工程的人较少，为做好项目的监理工作，项目组多次组织专业技术及规范标准的学习、研究、实战，组织项目专业工程师参加宁波监理协会组织的监理专业知识培训，各专业监理工程师的专业技术水平有了较大的提升。

（四）做好过程质量控制

施工前交底制度：专业单位进场后施工前，监理组织专门对接会议，将监理要求集中提出，并督促施工单位按业主、监理要求，进行分部分项工程技术

交底，将专项施工中可能出现的质量问题、应该采取的技术措施、施工中的注意事项等，再次强调，以避免施工中出现所谓的质量通病。

开好工地例会：每周召开一次工地例会，到会人员较齐，监理充分把握沟通、交流的机会，使用PPT将施工中出现的质量问题用图片一张一张地展示出来，错在什么地方，该如何避免，耐心细致讲解，并提出下一步工作要注意的事项或要求。

见证取样及平行检测：为确保原材料的质量，加强材料的验收和复检，工程师100%见证钢筋、方钢、角钢、岩棉、石膏板、瓷砖等原材料取样，并封样送试验单位。按平行检测方案，对关键的材料进行监理抽样做平行检测。

五、工程进度目标完成情况

根据业主确认的项目总计划目标，按期完成。

项目要求工期暂定为42个月，因受工程变更、工程量增加、极端天气等因素影响，调至60个月。

工程开工以来，项目监理组首先依据工程里程碑计划（重大节点）审查总包单位提交的施工总进度计划，提出监理意见。在施工过程中，审核施工单位的阶段性进度计划，定期对实际投入的人力、机械、材料等到场情况进行核查，确认工程实际进度与计划进度是否相符，对进度偏差情况及影响工程进度的因素进行分析，对拖期的工序、项目召开进度专题会议，督促施工单位采取措施，追赶工期，并向业主提出进度纠偏、进度调整的建议和要求。同时，项目监理组在周报、月报、会议纪要上提醒施工

单位合理安排工期，采取有效措施，保证里程碑计划顺利实现。

六、工程造价目标完成情况

按施工合同控制工程款的总体付款比例，未超施工合同价。签证工程量完全符合现场实际，无超量计量现象。

项目建安量预算约8亿元。每月严格审核施工单位报审的当月工程量完成情况，根据工程量清单及现场实际完成情况，仔细核对每个子目，做得实事求是，未出现过超付现象。

对现场出现的因业主原因造成的返工、工程量增加（减少）等签证，须经业主（工程部、成本部）、监理、第三方审计、施工单位等四方现场查看、核实、确认后，方可确认。

建设工程监理合同纠纷的处理情况：无。

七、监理工作成效

（一）工程质量目标完成情况

1. 第十三届第二批"中国钢结构金奖工程"；

2. 上海市"金钢奖"；

3. 优质焊接工程2019年一等奖；

4. 第十五届中国国际住博会"最佳BIM施工应用一等奖"；

5. 宁波市建筑工程"结构优质奖"；

6. 全国建筑业绿色施工示范工程（第五批）。

（二）监理工作概况总结

全管控周期内，开具质量通知单97份（均已闭环），联系单65份（均已督促落实），监理规划编制完整规范，监理实施细则编制齐全有针对性，提交监理

月报59份，监理例会163次，专题会议46次，施工实验室审批严格，测量监理严格把关并翔实登记，建设工程材料、隐蔽工程报验、工程项目划分及报验、往来文件均建立翔实台账。影像资料留存齐全可靠。

（三）专利申报情况

项目组在现场钻研各种技术工法，敏感捕捉到各个专业采用的实用新型技术，并形成文字报公司申报专利，目前已有"玻璃单元幕墙板块安装起抛器"（CN210105343U）、"铝模工艺下的预埋电气线盒施工工法"（CN107968369A）等技术申报成功。

八、向业主提出合理化建议

1. 安全管理中，提出施工单位、监理单位、业主单位多方合署办公，组织安全联合检查、安全专题会议，将现场存在的问题在会上指出，确定责任单位、责任人及整改时间，并在完成后进行复核检查，对责任单位的完成情况进行考核。

2. 质量管理中，提出隐蔽工程会签制度，现场隐蔽验收时，组织相关专业综合验收，专业符合要求的签字确认，涉及的专业全部签字后，土建专业最后签发混凝土浇捣令。避免错漏、扯皮现象。

3. 监理过程中，提出不定期组织专题会议制度，对施工中存在的普遍性问题、专属性问题，来不及在例会上提出或在会下讨论效果较好或只是对相关专业加强技术交底，采用专题会议形式，参加人员范围有时扩大至工长、班组长。

4. 原材进场验收，提出联合验收制度，监理工程师、业主工程师、施工单

位技术及质量负责人一起对进场材料进行检查、复核，符合设计、规范要求的，见证取样复检，合格后方可使用，不合格者，立即安排退场。

5. 现场签证，提出相关各方（业主、审计、监理、施工单位）相关人员一起到现场进行复核、计量、会签，避免扯皮。

九、合理化建议产生的实际效果

施工单位质量管理、安全管理、技术管理体系得到正常运行，各项管理制度执行得较好，工程质量达到设计、规范要求且有较大的提升，质量控制资料、结构安全和使用功能资料、单位工程及分部分项工程验收记录、隐蔽验收记录、材料及设备合格证明资料等各项工程资料齐全、完整，工程整体质量和安全处于受控状态。

通过勤勉、廉洁、专业、公正的监理服务，公司在本项目获得了参建各方的普遍尊重和认可，也得到了政府主管部门的充分肯定。

当前正处于高速变革发展的时代，监理行业面临着"不上即下"的局面，这既是挑战，也是机遇，因为一切变化的市场和行为都有其存在的必然性和可能性。

监理行业目前面对着巨大的危机与挑战，国内类似取消强制监理的"小道消息"甚嚣尘上，是向下一步等待行业的逐渐落没，向上一步走向欧美的工程师制度及全流程咨询，还是能走出我国特有的发展道路，这是值得深思的。

该怎么办？这是很多监理公司都在思考的问题。望远山兴叹不如先行脚下路，我公司同仁的态度应当是去拥抱危机，去迎接挑战，通过不断地学习增加自己的视野和知识储备，并具备独立的分析和判断能力。只有这样，才能使自己不断地适应行业的变革和驾驭自己的事业轨迹；也只有这样，众人合力向前，公司自然乘东风而破沧海。

参考文献

[1] 宁波国华金融大厦项目全过程监理资料。
[2] 建设部，《建设工程项目管理试行办法》建市〔2004〕200号文。

EPC 模式下全过程工程咨询服务为建设单位创造价值的实践

——陕西农产品加工贸易示范园 EPC 建设项目全咨服务实践

薛　君　段江涛　韩蓉华

陕西华茂建设监理咨询有限公司

摘　要：本文主要阐述了全过程工程咨询服务在EPC模式下，全咨单位通过超前策划，精细管理，根据EPC工程总承包设计施工采购一体化的特点，以工期管理、投资控制为核心导向，为建设单位创造管理价值的实践过程。

关键词：EPC模式；全咨服务；工期管理；投资控制；创造价值

一、工程概况

陕西农产品加工贸易示范园食品加工孵化基地标准化厂房及配套基础设施EPC建设项目位于咸阳市武功县迎宾大道以南，科技大道以西，陕西农产品加工贸易示范园武功园区内。

项目规划用地 126817.44m²，总建筑面积 170412.18m²，包含单体工程 29 栋。室外道路及园林绿化面积占 76188.6m²，总投资 5.65 亿元，建设周期为 2022 年 9 月—2025 年 9 月，计划工期为 1095 天。

二、EPC 模式下全过程工程咨询为建设单位创造管理价值的实践

（一）以工期管理为核心导向创造管理价值

EPC 模式有利于缩短工期，可以有效地搭接设计与施工，促进设计与施工高度融合。将 EPC 的这个特点发挥成优势，仍依赖于全咨管理超前策划，发挥统筹管理能力、风险控制能力、资源整合能力。

第一，对项目进行 SWOT 分析，判断其是否具有以工期管理创造价值的可能性（表 1）。

结论：本项目标准厂房居多，施工作业面大，现场具备科学组织流水的条件，建设单位给予支持，全咨单位具备集成管理能力，EPC 单位具有资源集中

项目 SWOT 分析　　　　　　　　　　　　　　　　　　　　　　　　　　　　　　　　表 1

优势（S）	劣势（W）	机遇（O）	风险（T）
1. 本项目地质良好，天然地基中砂层完全可以满足地基承载力 200kPa 的要求。 2. 除了孵化中心是 11 层、框剪结构以外，标准厂房建筑均为 3 层，建筑高度 18.6m，框架结构。 3. 项目规模大，其中，标准厂房 19 栋，孵化中心 1 栋，变配电间等配套设施 9 栋	1. 如果按照理想优化工期，要求资源集中，投入量较大。 2. 预算中没有考虑到赶工投入的费用。 3. 厂区电杆影响楼位于 3、4、5 号楼，导致无法施工，工序顺序打乱。 4. 现场问题较多。 5. 标准厂房层高 6m，属于危大工程，须报审专项方案才能施工	1. 发挥全咨团队 EPC 项目管控的经验优势。 2. 发挥全咨团队协作集成管理的优势，快速发现问题，快速解决问题，高效率推动工期目标。 3. 本项目 EPC 单位具有较高的综合实力。 4. 建设单位信誉良好，资金已到位 50%，且建设单位对全咨部门很支持。 5. 本项目为武功县政府重点项目，县政府领导比较关注本项目，有利于重大问题的解决，外部环境较好	1. 总体工期的目标实现仍然受诸如政策、停水停电、不可抗力、EPC 总承包内部管理问题等因素影响。 2. 全咨单位主导工期策划、工期管理，如果管理协调不好，将会影响本项目各项目标的实现

投入的能力。具备通过工期管理创造价值的良好条件。

第二，统一思想，统一目标，与各参建方取得一致性意见，实现合作共赢。

一个成功的项目，各参建方都有着非常重要的角色，建设单位是项目决策层，负责确定项目的目标、重大方针和实施方案，进行宏观控制；全咨部门是项目管理层，负责把决策层制定的目标、方针贯彻到各项工作中去，对工作进行组织、管理和协调；总承包人、单项咨询人是项目执行层，在决策层的领导和管理层的管理和协调下，通过各种技术手段，把项目投资转化为项目资产。

一个重要的决策，离不开建设单位的支持，离不开各参建方的全力协作，全咨单位将 SWOT 分析的结论与建设单位达成一致性意见，通过多次专题会议，与 EPC 单位讨论调整优化工期的可能性和可行性，最终确定将中标总工期 1095 天目标调整为 731 天总体工期目标。

调整后的工期目标将会实现的效益：

1. 建设单位提前 364 天进行招商引资，提前进入运营，产生效益。弥补建设资金的不足，且能降低融资资金成本，且投资控制的风险会大大降低，建设成本可以在人工费和材料调差两方面降低。

2. 对于总承包单位来说，固定总价合同的情况下，如果工期提前一年，减少现场管理费约 1200 万元的成本，将近 3% 的利润。

3. 对于全咨单位来讲，高峰期管理成本、资源投入自然会提高，但是总体的服务成本也会有所降低。

综上所述，科学合理的工期管理可以为项目增值，是实现各方合作共赢的一种有效途径。

第三，根据 SWOT 分析，全咨单位策划流水施工，以工期管理主导，用管理创造价值。

全咨单位策划将整个园区施工划分为两个区块、六大板块，组织六大生产区实施外循环同步进行，生产区各楼栋依次内循环流水施工。每一个生产区按照总的进度计划完成工作。

首先，要求每一个生产区按照总进度计划确定各自生产目标，细化施工流程，并由各区块统筹安排，合理配备相应的人、材、机。

其次，各生产区编排各自施工计划，根据厂房平面面积大、层数少的特点，将每层划分为多个施工段，各专业班组在一个施工段上结束后转移到下一个施工段，进行同样的作业，完成一层进入下一层，同时避免垂直交叉作业带来的不安全因素。

再次，做好事前控制，对过程中的人、材、机、法、环各环节各要素进行监督落实，并对工程方面存在的质量、安全隐患进行事前预防，提高空闲作业面利用率，确保各施工过程中生产的连续性、均衡性、节奏性、协调性。

最后，处理好与建设、设计、总承包以及质量监督部门的关系，及时与各方沟通解决施工过程中的材料采购、图纸答疑及变更问题，保障分部工程验收等工作的顺利进行。

第四，确定保障工期目标实现的策略与思路。

在设计进度管理阶段，全咨单位重点关注的内容包括设计优化、限额设计、装修标准、设计变更、图纸会审、深化设计，确保设计工作进度满足现场施工要求。

在施工进度管理阶段，全咨单位坚

持策划前置，即策划先行，组织保障，高效落地，过程管控；四抢四保，即抢临设保畅通，抢地下保地上，抢主体保装修，抢立面保室外；科学穿插，即合理穿插，流水施工，劳动均衡，净工期合理；品质提升，即样板先行，一次成活，过程验收，保护成品。

在安全生产方面，全咨单位始终坚持"安全第一、预防为主"。全咨单位制定各项安全管理制度并配备专职 HSE 负责人，总监及各专业监理工程师、监理员在各自监理范围内履行安全生产监理职责，每周组织建设、施工、监理三方对各项工程进行安全工作检查、召开安全会议，每日对危大工程及各类危险源进行巡视检查，同时监督 EPC 总承包单位各项安全措施的落实，及时发现问题、解决问题。

在设备采购、订货环节，全咨单位重点审核 EPC 总承包单位设备采购计划，严把设备选型，根据业主需求坚持适用性强、价格合理的原则，通过市场考察、市场询价、专家咨询等方式推动设备采购、订货工作，再由厂家根据项目需求结合产品特点深化图纸，并经原设计单位审核后进行采购加工。

第五，措施得当，及时纠偏，确保工期目标的实现。

在进度管理中，对主要影响工期的设计、采购因素事前分析，策划预控措施，例如，前期加快设计进度，同时把图纸问题解决在施工之前，避免设计问题影响进度；材料采购编排进场计划，并保证材料进场数量及时且充足，当施工过程中出现偏差时，及时召开专题会或在例会中查明原因，优先考虑改进施工方案，采取更合理的施工方法进行调整；另外通过加大劳动力、材料、机械的投入力度，合理安排交叉轮班、夜间延长工作时间等进行纠偏。现场管理人员能够及时保证配合施工进度，随时进行检验验收。

第六，抓住和解决项目的主要问题和主要矛盾，实现并不断提升项目价值。

在进度管理过程中，全咨单位现场管理人员要抓住和解决项目的主要矛盾，快速发现问题，包括现实问题和潜在问题，正确认识问题，防范潜在问题，有效解决问题，以下案例作以说明：

1.关于问题坑处理。基坑开挖个别基础的土方在挖至设计基底标高时但未到持力层（中砂层），基坑内发现部分垃圾土或杂填土回填的问题坑，全咨管理部及时组织召开各责任主体现场会议，分析并查找原因，结果发现：一是原勘察报告根据规范每个大厂房勘察点位为6个，问题坑处于勘察空白处；二是勘察后施工进场前场地原貌有扰动（挖砂采砂后使用垃圾土回填造成）。针对此问题，全咨管理部组织公司专家及各参建方主体单位经过多次研讨，最终确定处理方案为：问题坑超挖50cm以内，基础标高降至持力层，50cm以上的采用6：4级配砂石换填处理，压实系数（应为压实度）不小于0.97，地基处理后承载力不小于原设计，且处理部位在基坑静载试验时设置针对性检测点进行验证。

后期施工过程中通过现场实际开挖情况及人工普探结果，采用6：4级配砂石进行换填处理问题坑，根据地基基础静载试验（300m²/组），问题坑换填处理承载力满足设计要求。按照全咨管理工作流程，施工单位上报了问题坑处理的工作联系单，形成了各参建方责任主体签字确认的过程资料。

2.关于高压线路迁改问题。项目自2022年9月开始施工时，现场仍有一条供园区管委会正在用电的10kV高压线路横穿东西方向未迁改，全咨管理部立即组织各参建方召开协调会议进行协调，一是调整总进度计划，暂缓影响施工楼栋开工时间，提前其他楼栋施工时间；二是与建设单位积极协调，相关部门于2022年11月底将场内高压线路迁改至园区市政综合管廊，同时再次调整施工总进度计划，展开原影响楼栋施工。

（二）以投资控制为核心导向创造管理价值

第一，前期决策阶段，编制可行性研究，坚持独立、客观、公正、科学、可靠的原则。应充分了解与项目投资相关的厂址选择、建设方案、建设规模、建设标准、工期、主要设备等信息与参数，应有大量的、准确的、可参考的信息资料，应寻求类似项目的可以借鉴的原始数据，并进行科学的分析比选论证。

准确的项目投资估算是保证投资决策正确的关键环节，是全过程工程咨询投资管理的总目标，其准确性直接影响到项目的决策、投资经济效果，并影响到工程建设能否顺利进行。投资估算一经确定，即成为最高投资限额，作为控制和指导设计工作的尺度。

第二，初步设计阶段，应以业主需求为主线，把业主需求正确表达在初步设计文件中，设计概算应与初步设计文件相匹配。如果全咨单位介入项目时点在初步设计阶段，即使初步设计文件已经审批，也要全面审查，查找缺漏项，因为初步设计文件是EPC模式招标的依据，如果不能在此阶段将业主需求表达完整，将来在项目实施过程中会引发大量的索赔风险。在本项目实践过程中，

全咨单位在业主需求方面做了大量的调研工作，对初步设计文件中缺少的内容，如室外道路做法、室外照明、室外管网等室外工程，垃圾收集站，消防及生活水泵房，变配电间，车棚，围墙，园区大门等进行了完善，对标准、规模、功能有多个版本的进行了统一和明确，大大减少了后期管理工作潜在的争议和纠纷。

第三，招标投标阶段，要重点关注招标控制价、工程总承包合同等文件的编制。首先，招标控制价与合同文件编制是EPC项目第一个重要的投资控制环节，同时也是EPC项目投资管控工作的重中之重。招标控制价即设计限额，招标控制价要兼顾建设单位的需求及目标，同时还要考虑EPC项目承包人承担的风险及合理的利润。其次，工程总承包合同是工程总承包EPC模式项目招标投标工作和签约、项目过程履约管理的重要依据及约束条件，在编制时，合同条款要合理约定风险分担原则，重点关注责任划分、计价及结算原则。如果在招标前能做好上述工作，即可有效解决在EPC模式下发包人绝大部分的投资失控风险。招标文件及合同中发包人要求的编制是最为关键的工作，发包人要求主要从工程范围、功能要求、技术标准及交付标准、材料及设备的主要参数及品牌范围、工期要求、竣工验收、项目管理规定等方面作出约束。此外，还要在合同中格外强调承包人的限额设计责任，并在合同文件中明确限额设计要求。

在选用合同计价方式的问题上，建议采用限额设计下的施工图预算总价包干的合同计价方式。这种计价方式的优势在于：一方面能够"守住"签约限额合同价；另一方面，通过全咨单位对施

工图的严格把控,在施工图预算转固定总价中实现投资节约,这种计价方式后期可调整合同价格的因素相对较少,在本项目实践中,争议较少。虽然EPC模式政策鼓励的是招标投标阶段形成固定总价合同,但从实践经验来看,EPC模式总价包干,对于政府投资项目来说,如果总承包商的利润过高,最终在政府审计的时候会按照DBB的模式进行,总承包单位的过高利润是无法实现的,政府审计部门仍沿用传统思维,进行按实结算,不考虑EPC模式下总价包干的底层逻辑;如果总承包商牺牲利润赔本满足政府的完工要求,最终结果是纠纷不断,各方均难以实现项目目标,有时还会落个半拉子工程。此建议的前提条件是全咨单位具备专业的投资控制能力,在招标投标工作前期已经对项目的投资风险作出了充分预测及筹划。

第四,施工图设计阶段,如果设计不合理,将会对最终价款的确定带来不可逆转的影响,由于EPC工程总承包设计与施工一体化的特点,EPC总承包单位总

是会想尽一切办法做顶额设计,寻求提高利润的途径。此时,作为全过程工程咨询单位就得提高设计管理水平,尤其是要关注设计审查及设计优化工作,避免无效投资。常规的施工图设计审查,把控的是项目是否满足强制性规范条款,全咨单位仍然要对施工图纸进行全面审查,重点关注其经济性、合理性以及适用性。本项目在施工图设计阶段,全咨单位对经图审的设计图纸进行了全面审查,提出了建议115条,被设计单位采纳了53条,取得了显著成果,有效减少了因设计不合理从而导致的设计变更及投资浪费。

在施工图设计阶段,应把预防顶额设计或超额设计作为关键工作。尤其是在地基处理方案、土方工程、钢筋工程的配筋率、装修标准、安装设备材料的选型上重点加以关注和审查。

在施工阶段,项目转固之后,按照"按约施工"的投资控制思路,回到EPC的本质来进行管理。以发包人要求为依据,尽量减少非必要的造价变化。对于发包人要求的变化,也要进行控制,分

析变化为刚性、半刚性,还是柔性需求,并对此变化引起的建设成本的变化与建设单位充分沟通,非必要不变更,一定要将变化控制在投资总目标之内。

在本项目投资控制中,据阶段性的统计,通过全咨单位的经验、专业知识、专业化的管理为项目节约建设成本合计约2886.87万元,并且此效益不包括进度款审核、转固过程的审核效益,实现了以投资控制为核心导向创造价值,受到了建设单位的一致好评。

结语

通过陕西农产品加工贸易示范园EPC建设项目全咨服务实践,EPC模式可以有效地搭接设计与施工,促进设计与施工高度融合,将EPC的这个特点发挥成优势,仍依赖于全咨管理超前策划,发挥统筹管理能力、风险控制能力、资源整合能力,同时以工期管理、投资控制为核心导向,也更能成为全咨项目管理综合效益最大化的重要方向。

平行承发包模式下的快速路径法实现全咨目标

——武功县人民医院全过程工程咨询实践案例

石 斌 韩蓉华

陕西华茂建设监理咨询有限公司

摘 要：本文以武功县人民医院全过程工程咨询为例，制定本项目全过程工程咨询服务方案，围绕工程加速复工，平行承发包模式下的快速路径法实现项目管理目标，为项目按时竣工提供了保障，供大家分享。

关键词：平行承发包模式；快速路径法；融合式协同管理

一、工程概况

（一）工程概况

武功县人民医院迁建项目占地面积 53699m²，总建筑面积 77333.29m²，总投资约 5.0582 亿元；设床位 800 张，由门诊医技楼、住院楼、传染楼、综合楼、后勤楼等工程组成。

门诊医技楼工程，地上 3 层，地下 1 层，建筑面积 24792.91m²，包括地下车库、取药室、挂号室、门诊室、学术报告厅、120 急救中心及各诊疗科室等。

住院楼工程，地上 11 层，地下 1 层，建筑面积 37883.54m²，主要包括病房、手术室、康复治疗中心、ICU、血液净化中心、消毒供应中心等，地下室为设备用房。

传染楼工程，建筑面积 4586.60m²，一层为门诊区，包括发热门诊、肠道门诊、肝病门诊、X 射线室、B 超室、检验室以及住院接待区和办公辅助用房等，二、三层为住院病房，设床位 50 张，其中三层为负压病房，设床位 25 张。

综合楼工程，建筑面积 6644.24m²，地上 7 层，包括办公室、会议室、宿舍。

后勤楼工程，建筑面积 4426m²，地上 3 层，包括洗衣房、餐饮、多功能报告厅。

武功县人民医院迁建项目的实施，有利于武功县卫生事业长远发展，有利于提高群众就医环境和提升医院综合服务能力，有利于改善投资环境，促进武功县社会经济发展，对保障全县人民身心健康具有十分重要的意义。

（二）全咨服务内容

华茂公司中标武功县人民医院迁建项目全过程工程咨询服务标，服务内容包括工程项目管理、工程设计管理、造价咨询、工程招标投标管理、工程监理。

（三）工程重点难点

经分析本项目工程主要重点难点如下。

1. 参建单位众多，协调难度大

项目整体工程量不是很大，而参建单位多达 11 家，协调难度相当大。

2. 遗留问题众多，管理难度大

一是设计缺项严重，影像中心专业装修工程、医疗专项特殊科室、医疗专项基本配套设施、室外总体工程均没有设计图纸；二是施工合同范围不完整，未包括施工图纸缺项的单位工程；三是前期遗留待解决的各类图纸、签证问题众多。

3. 已完工程少，工期过紧

公司于 2020 年 10 月进场，整个工程处于停工状态，主体工程完成产值 1.4 亿元，工作量仅占总工程量 20% 左右；要求 2021 年 10 月 1 日项目交付，80% 工程量需在不足一年时间内交付使用，工期十分紧张。

4. 建设单位缺乏建设项目管理经验

建设单位人员均由政府行政管理部门担任，没有专业人员，缺乏建设项目管理经验。

5. 县域重点民生项目，民众关注度高

本工程为市、县政府重点民生项目，民众关注度高、社会影响大，对提高武功县群众就医环境、提升医院综合服务能力、改善投资环境、保障全县人民身心健康意义重大，责任重大。

二、切合实际，制定针对性全过程工程咨询服务方案

（一）全过程工程咨询服务重点难点

结合前述工程重点难点，华茂公司全过程工程咨询服务的重点难点是：一是如何迅速复工；二是解决设计缺项问题；三是解决前期遗留图纸、签证问题；四是发挥华茂公司项目管理人才济济的管理与专业优势；五是制定针对性项目全过程工程咨询整体服务方案。

（二）融合各方资源的全过程工程咨询服务组织架构

在华茂公司专家组指导下，确定建设单位与全咨单位的关系定位及工作分工，根据各自的长处，建设单位负责对外及与政府部门的协调工作，工程项目

管理等专业上的事项由全过程工程咨询服务单位负责管理，根据《全过程工程咨询服务合同》及现场实际情况，建立健全全过程工程咨询的组织机构。

根据合同要求及全过程咨询服务需求，抽调一批具有技术管理经验丰富的人员组建项目管理团队，项目全过程工程咨询组织机构如图1所示。

（三）项目整体进度目标策划

根据县委县政府的要求及工程现状制定进度计划，确定了工程里程碑时间节点，2020年12月底完成各项设计，2021年2月初完成政府采购招标任务，2021年6月30日门诊医技楼交付使用，2021年10月1日项目全部交付使用。

全咨团队分解上述里程碑时间节点，编制项目整体进度计划图表，按此计划图表组织项目有序整体推进，如图2所示。

（四）厘清关系，采用平行承发包模式下的快速路径法工程建设组织管理模式

在华茂公司专家组指导下，根据前述工程特点难点，确定采用华茂公司已有类似成熟经验的工程建设组织管理模式，即平行承发包模式下的快速路径法。

（五）制度管人，流程管事，加速复工

根据工程现状及特点，为确保项目

的顺利实施，制定了《项目管理制度》及各工作流程，做到用制度管人，流程管事，拟定项目实施以下重点工作。

1. 设计管理工作；

2. 招标投标管理及造价咨询工作；

3. 复工工作。

该项目由于各种原因停工将近2年，为了尽快使工程复工，项目管理部安排造价工程师梳理前期的可研报告及概算、施工合同、项目土建、安装工程师进入施工现场核对未完工程量，并形成书面报告，项目负责人熟悉施工合同，并与各施工方的负责人进行沟通协调，晓之以理，动之以情，求同存异，于2020年10月底项目所有参建单位全部复工，流程如图3、图4所示。

三、服务亮点

（一）针对性全咨服务方案，实现项目工期与整体管理目标

工期是本项目建设单位与市县领导最关注的，华茂公司以往类似具有众多难题的紧急项目就是采用平行承发包模式下的快速路径法，实现了工期与其他管理目标。在华茂公司专家组指导下，对武功县人民医院迁建项目采用平行承发包模式下的快速路径法，为建设单位

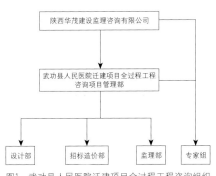

图1 武功县人民医院迁建项目全过程工程咨询组织机构图

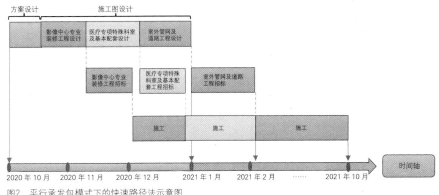

图2 平行承发包模式下的快速路径法示意图

提供针对性全过程工程咨询整体服务方案。

平行承发包模式下的快速路径法，就是将项目设计工作分成若干阶段，每一阶段设计工作完成后就组织相应的施工招标，确定施工单位立即组织施工。根据本工程的特点和进度要求，将该工程分成三个阶段：影像中心专业装修工程、医疗专项特殊科室及基本配套设施、室外管网及道路工程。每完成一个阶段设计主要工作就组织造价组先期熟悉主要工程清单量，一旦该阶段设计全部完成，立即组织造价组进行清单量、上限价编制并报县财政局评审，通过后立即进入招标阶段。在全过程咨询团队的努力下，按照已批准的里程碑节点时间完成了招标工作，建立在专业化团队基础上的合理平行交叉作业，与传统模式比较缩短工期将近10个月的时间。

（二）专家全咨团队，设计管理效果斐然

平行承发包模式下的快速路径法可以缩短工期，但由于参建单位较多，增加了施工阶段组织协调及目标控制的难度，为此公司聘请了一批熟悉医院建设、熟悉医疗设备的专家加入全咨团队，作为技术支撑。

咨询团队分析认为，实现控制目标的关键环节在于设计阶段的管理。经专家组的分析梳理，设计的管理重点是设计任务书编制和设计方案审核。设计管理方面服务亮点主要有以下几个方面。

1. 合理确定并全面执行设计原则

1）所有专项设计均采取限额设计，事后证明这是项目投资得以有效控制的核心环节。

2）材料、设备必须符合三甲乙等医院建设标准，这一建设标准贯穿武功县人民医院迁建项目始终，既满足医院使用要求，又具有一定的前瞻性，为迁建项目预留了场地、为技术扩充了空间。

3）充分贯彻采用新技术、新材料、新工艺、绿色施工原则，从设计环节重视节能环保与绿色施工。

实践证明，限额设计、三甲乙等标准、绿色施工等设计原则的贯彻执行是本项目成功的重要保障。

2. 手术室合理应用装配式建筑原理

咨询团队专项设计阶段优化手术室等科室设计方案，如手术室墙、顶面应用装配式建筑原理，采用工厂加工手术室墙面、顶面，现场组装施工工艺，大幅度缩短作业空间占用时间，创造平行交叉行业最短时间完成关键节点工程，这是快速路径法的最好诠释。

优化手术室等科室设计方案，合理应用装配式建筑原理，达到了快捷、节

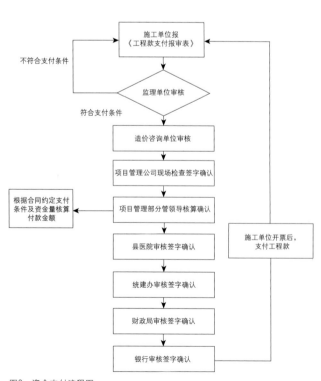

图3 资金支付流程图

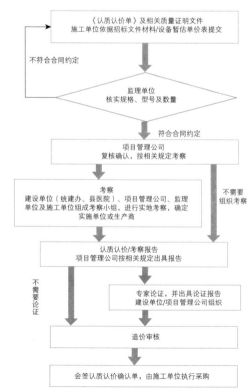

图4 设备、材料认质认价流程图

约、环保的绿色施工目标。

3.结合现场审查设计，增设医废、消防专用通道

咨询团队审查室外管网及道路设计方案发现以下问题：一是无医废专用通道，二是无消防环形通道。专家组经实地多方踏勘后，决定在不减少整体绿化面积的基础上，在住院楼和门诊楼的西面设计一条道路、一个专用大门作为医废、消防专用通道出入口，符合设计规范要求。

4.结合现场复查设计，加固楼板电力增容

咨询团队结合现场条件复查前期已进行技术复核的设计图纸，发现以下问题：一是大型设备间的楼板荷载不够，二是设计电力容量不能满足后期使用要求。

结合现场实际情况，在现有条件下经多方案比选提出解决方案：大型设备间的楼板荷载不足进行碳纤维加固；电力容量不足进行电力增容，并实行双路供电，确保医院不间断供电，满足使用功能。

（三）限额限价签证，造价咨询节约投资

1.限额设计，多方案比选，达到"方案最优，成本最低"

按照限额设计，花小钱办大事节约投资的原则，造价部在设计阶段就介入工作。

1）在材料、设备选型，工艺、工法选择上，从投资管理专业角度提出合理化建议。

2）在医疗专项设计阶段审核设计概算，提出清单漏项等问题，提高了概算的准确性。

3）在医疗影像中心、医疗专项、室外管网及道路方案设计阶段，造价部对多种方案进行技术经济分析，为方案

的选择提供了依据，及时确定方案。

如：医疗影像中心、医疗专项手术室由传统装饰结构工艺改用工厂加工现场组装的装配式结构，与墙、顶的连接由槽钢网格式改为槽钢小柱段点式分布等。

又如：室外管网及道路工程将砖砌井改为U-PVC装配式成品井；800m³的化粪池、1000m³的医疗废水处理池基坑开挖深度达到10m，原支护设计方案为钢筋混凝土灌注桩锚索喷护，改为方二级台阶土钉钢筋网片喷护，为按时完成设计任务打下了坚实的基础。

再如：在医疗影像中心、医疗专项设计中要对原设计已施工的消防、通风与空调、砖砌隔墙进行改造设计，原设计方案该部分重新施工，改为充分利旧原则进行改造设计。

通过专家组、设计部、造价部、设计院对设计方案反复修改、技术经济分析最终确定方案，真正做到了"方案最优，成本最低"。

2.招标阶段投资风险管控

招标阶段审核招标文件、编制招标上限价、清单，在招标阶段加强风险管理，对风险进行识别、分析、评价，选择风险对策，并在合同相关条款中约定规避风险。

经识别存在的风险：一是主要设备材料自主报价影响投资控制；二是设备材料施工阶段的价格市场波动大，对投资控制的影响；三是清单的漏项、清单量的准确性对投资控制的影响。对上述风险的分析、评价，实行风险规避。

对近30多种设备，20多种主要材料实行暂定价，然后在施工过程根据市场价进行认质认价；合同相关条款中约定设备主要材料价格在市场波动5%以内不予调

整，在5%以上予以调整；在合同签订后15天内对原招标投标的清单项、清单量进行复核，逾期则视为中标单位对招标投标的清单项、清单量的认可。

3.主动作为，做好变更签证、材料设备认质认价工作

施工阶段加强变更签证、材料设备认质认价、工程进度款的支付审查，以"科学、公平、诚信、服务"的职业道德准则，做到维护建设单位权益的同时不损害施工单位的利益。

造价部组织建设单位、施工单位、监理单位共同深入生产厂家对50多种材料、设备进行考察，收集价格信息，货比三家，做到质优价廉。通过造价部全体同志的努力工作，整体投资节约合计3800万元。

（四）信息化平台融合应用，促进全咨目标的快速实现

平行承发包模式下的快速路径法可以缩短工期，但由于参建单位较多，增加了施工阶段组织协调及目标控制的难度。为了便于目标管控，在该项目上利用了信息化手段——总监宝，把建设单位、施工单位、设计单位、监理单位的项目管理人员全部纳入总监宝，这样将建设单位管理要求、现场设计变更、材料认质认价、施工方案、现场施工态势、材料进场验收等情况上传至总监宝这个信息平台，所有参建单位通过总监宝掌握动态的信息。相关人员在总监宝进行线上审批、执行，然后打印完善签章手续下发归集存档。节省了现场管理人员往来的时间，简化了各参建单位之间协同工作，加快了各项工作进度，保障了设计、招标投标工作按期完成，促进全咨目标的实现。

实践证明，平行承发包模式下快速路径法条件下沟通协调工作量成倍增加，

信息化平台势在必行。

（五）融合式协同管理，有利于全咨控制目标的实现

为了更好实现目标，经再三研究、协商，建设单位、设计单位、全资单位、监理单位共同组成一个融合式协同管理的组织模式，缩小了组织之间的管理跨度，缩短了决策时间，减轻了部门之间沟通协调工作量，有利于进度控制，有利于全咨目标的实现。

在设计阶段按照传统的工作程序模式，由全咨项目管理部召集设计单位进行设计方案的评审会，将会议结果向建设单位汇报，建设单位开会研究决定，再将研究结果告知全咨项目管理部，再到设计院进行设计，这样的过程要反复几次，完成设计工作要两个多月时间。公司采用融合式协同管理模式，将设计管理中的五个环节去掉三个，通过实践设计阶段节省一个多月时间。

融合式协同管理模式的优势贯穿了项目管理全过程，使工程得以顺畅施工，从而确保实现了项目第二个里程碑节点在 2021 年 6 月 30 日门诊医技楼的如期交付使用；第三个里程碑节点在 2021 年 10 月 1 日整个项目交付使用的目标。

本项目全咨服务实践表明，平行承发包模式下快速路径法条件下，必须采用融合式协同管理模式。

四、服务成果

武功县人民医院迁建项目已完工并交付使用，对全过程工程咨询服务进行总结，所取得成果如下：

1.通过加强对设计工作的管理，弥补了因前期设计单位图纸设计深度不够，导致部分使用功能无法满足的缺陷 4 条，

如大型设备间楼板荷载不够、电力设计容量不够、部分特殊科室分布不合理、无医废运输和消防环形专用通道等问题。

2.造价部在设计阶段进行多方案经济技术分析，所选择的方案是"方案最优，成本最低"；招标阶段强化招标清单、上限价的编制质量准确率，进行风险管控；施工阶段对签证变更、材料设备的认质认价的管理节省投资 3800 万元。

3.以上一个个里程碑节点的实现，是全过程咨询团队与各参建单位共同努力的结果，在武功县人民医院启用仪式上，县长对我们讲："武功县人民医院能够按时启用，你们付出了辛苦的努力，也说明了专业的事情就要交由专业的人来干，你们用专业的知识和丰富的管理经验，把我们认为不可能的事情变成了现实，证明了我们请你们来进行管理的决策是正确的。"这是政府对公司工作的认可，从这里也恰恰体现了全过程工程咨询服务价值所在，更是全咨服务社会效益的具体体现。

五、体会和建议

通过对武功县人民医院迁建项目实施全过程工程咨询服务，具体的体会有如下几点：

1.通过对武功县人民医院迁建项目全过程工程咨询目标的实现，体现出全过程工程咨询与传统的项目管理、咨询模式的优势和魅力。

2.加强设计阶段的管理是全过程工程咨询目标实现的关键环节，在本项目中前期建设单位对设计加强管理，对设计方案、设计图纸进行审核优化尤为重要，避免出现后期的楼板加固、电力增容等事情的发生。

3.造价部应在设计阶段提前介入，对设计方案进行技术经济分析，为多方案比选提供依据。审查设计概算有利于提高招标阶段清单、上限价编制的准确率。

4.以"科学、公平、诚信、服务"的职业道德准则，"合作共赢"的理念，为公司赢得了甲方的认可，施工单位的尊重，成功地使停工了两年的工地，在一个月时间内全面复工，保障工程按期交付使用。

建议：

1.国家提出全过程工程咨询，是政府职能转变的需求，是提高项目投资决策科学性、提高投资效益和确保工程质量的需求，是实现工程咨询类转型升级的需求，公司要抓住机遇加速企业转型升级。

2.公司要在内部找差距，补短板，积极引进和培养会技术、懂管理、一专多能的复合型、高素质的人才。

3.加快公司全过程工程咨询的体系化、标准化建设。

4.建立健全全过程工程咨询的法律法规，明确界定全过程工程咨询的法律地位和相关的法律责任。

5.制定和完善对行业发展起引导、保障、扶持作用的相关政策，加大宣贯力度，提高各类投资主体的全过程工程咨询意识。

6.加强行业自律的管理和服务。

结语

全过程工程咨询的发展任重道远，需要国家的政策支持和扶持、行业的自律以及每个咨询人笃定前行，如此，相信一定会迎来全过程工程咨询的春天。

BIM 在天津海洋工程装备制造建设项目的应用

韩　华

山西协诚建设工程项目管理有限公司

摘　要：BIM，即建筑信息模型。近年来，随着BIM技术的日趋成熟和完善以及工程项目管理要求的不断提高，BIM技术在工程项目管理中得到了大量应用，在促进项目安全、质量、进度、成本控制及参建各方的协同管理等方面成效显著，本文针对BIM在天津海洋工程装备制造基地项目的应用进行介绍。

关键词：BIM；项目管理；协同管理；质量安全管理

一、BIM 的应用优势

建筑信息模型（BIM）是允许一体化和数字规划的复杂项目以及协同工作和其他各项规划的全新技术。因此对于客户端，与规划的传统方式相比，BIM具有明显的优势，最显著的优点是：①在项目计划、实施以及对业主的好处：减少条件不符的规划；减少信息的损耗；减少不必要的重复工作；BIM模型可以早期做碰撞检测，排查未来可能出现的结点；根据BIM模型的演示可以更好地控制成本。②为客户和运营公司带来的好处：项目的成本、进度、质量可以在早期得到预控，大大降低了成本以及缩短工期。

在传统流程与BIM流程并行的年代，BIM的独特价值更值得企业挖掘与推动，不同企业虽有不同的业务需求，但利用BIM技术创造新的管理模式，才是激发企业应用BIM技术的原动力。首先，从业主的战略眼光看，BIM的付出不到工程投资的千分之几，用小投资来提高整个项目的建筑性能、抗风险能力、协同与控制能力，与动辄几百万上千万的施工浪费与损失相比，有效节约了成本。BIM带来的不仅仅是投资的收益，还有后期整个运营的可控性。其次，还要看能否提供具有额外价值的BIM服务套餐，额外价值是指目前利用二维CAD平台无法提供的价值。除了建模、碰撞检查以外，还可以有一系列服务来帮助业主的设计部门、成本部门、项目部门解决各自相关问题，增强业主内部协同能力。

二、项目 BIM 应用开展情况

（一）项目简介

天津海洋工程装备制造基地建设项目位于天津滨海新区保税区临港区域渤海五十路以东、辽河中道以北，总占地面积约57.51万 m²，岸线长度约1467.5m，总建筑面积约15万 m²。项目总投资估算为39.89亿元，一期工程总投资24.95亿元，2020年计划投资金额为76093.23万元。项目整体设计产能为8.4万结构吨/年，项目投产后主要业务为平台组块等海工产品智能制造、FPSO模块建造及调试、LNG模块建造等中高端产业，项目一期工程计划2021年9月建成投产，投产后年产值约40亿元。

（二）BIM 开展情况

1. 由项目公开招标BIM技术管理顾问服务，对天津海洋工程装备制造基地建设项目的工程进行BIM技术管理和咨询工作，完成项目实施阶段期间的BIM应用统筹管理工作，包含BIM应用目标、应用范围、应用标准、应用内容的制定、应用成果审核以及 BIM 实施阶段性评估，并提供 BIM 施工过程管理协同平台，在项目竣工后提交完整的 BIM 模型及数字化信息并在软件平台上呈现，达到数字化交付成果。

2. 由各标段总包单位组织 BIM 小组完成各标段各自的不同专业 BIM 模型创建，并根据 BIM 顾问前期下发的 BIM 实施阶段性计划提交相应的 BIM 应用成果。

（三）项目 BIM 应用效果

1. 可以轻松理解设计意图及效果

目前的 CAD 二维设计，涉及五个专业，包括建筑、结构、水、暖、电，各自有各自的图纸，各专业设计师沟通不到位，建筑与结构、建筑与设备、设备与结构都可能会出现碰撞。对于当前的复杂工程设计来说，设计师、施工方、监理方工程师都无法面对二维的蓝图将涉及的冲突问题一一查清。利用 BIM 创建的模型转化为可视化的图纸之后，不但可以让施工、监理人员一目了然看懂施工图纸，再加上图纸中的构件还包含了具体信息与属性，能够让施工、监理人员更好地解读工程信息与设计意图，及早地发现设计中的问题，进行双方的沟通与协商。可自动检查分析碰撞打架情况，甚至是软碰撞情况，提供碰撞报告，从根本上杜绝因碰撞引发的资源浪费、能耗和工期损失。

本项目要求将项目过程中的重点施工工序（桩基信息、承台信息、底板、屋面防水信息、钢构件吊装信息等）及相应的建造信息录入平台，与二维图纸相比可以更直观、便捷地获取所需的信息。

2. 深化并优化设计

深化设计指在工程实施过程中对招标图纸或原施工图的补充与完善，使之成为可以现场实施的施工图。深化设计，涉及专业众多，需满足各专业技术和规范，了解材料及设备知识的特点。所以深化设计的工作极其烦琐，特别是在大型复杂的建筑工程项目设计中，设备管线由于系统繁多、布局复杂，常常出现管线之间或管线与结构构件之间发生碰撞的情况，给施工带来麻烦，影响建筑室内净高，造成返工或浪费，甚至存在安全隐患。通过三维模型可以提前考虑各专业机电管线的穿插排布，优化管线综合布置方案，有效减少管线占用空间。通过机电各专业建模，最后进行管综模型的调整，在调整的过程中避免管线的碰撞，优化净空的标高，预留检修的空间等。

3. 识别图纸错误

二维图纸通常采用多专业分别出图，经常出现不同专业之间的设计数据冲突等问题。通过 BIM 三维模型可以有效识别图纸错误，避免因在施工过程中才发现图纸错误而导致返工，从而控制对进度和成本的影响。根据建完各专业模型统计，各标段总计识别图纸问题 83 处，管线综合碰撞问题 4303 处。

4. 促进进度管理

建筑工程项目进度管理是实现项目目标管理的重要组成部分，而进度优化是由进度控制的。

关键 BIM 技术可实现进度计划与工程构件的动态链接。可通过施工模拟等多种形式直观表达进度计划和施工过程，形象直观、动态模拟施工阶段过程和重要环节施工工艺，为工程项目的施工方、监理方与业主等不同参与方直观了解工程项目情况提供便捷的工具。通过进度计划与三维模型关联，更直观地发现和预警施工过程中进度滞后的情况。

BIM 平台设置进度管理模块，首先上传相应单体的进度计划，再与建完的模型进行关联，后续根据施工进度录入实际完成的时间节点，这样就会清晰地查看哪些节点是滞后的，哪些节点是提前完成的。通过每日实体工作在系统进度中的录入以及系统中进度计划与模型的关联挂接，实现任意时间点现场实时进度的三维动态展示。

5. 可视化模型指导施工

采用三维可视化的 BIM 技术可以更直观地看到实体完成后的效果，三维的效果更便于施工，更能够提前发现施工的难点与关键点。模型均按真实尺度建模，而传统表达予以省略的部分（如管道保温层等）均得以展现，从而将一些看上去没问题，而实际存在的深层次问题暴露出来。通过三维模型展示局部施工效果，进行可视化的施工技术交底，以指导现场施工作业。同时，可以通过 BIM 模型进行重大施工作业的工序模拟。施工单位在基于 BIM 模型的基础上来制作有关工艺工序、场布漫游等视频。

6. 实现项目协同管理

通过 BIM 协同平台实现各参建单位的协同管理，特别是在质量、安全管理方面，利用信息化手段进行过程管控，可以看到 BIM 管理平台上有文档管理、工程动态、质量留痕、质量问题、安全留痕、安全问题等模块。项目监理人员在施工过程中通过日常的现场巡检，可以随时将看到的质量、安全方面做得好的部位拍下来，直接通过手机 APP 上传到 BIM 管理平台中的质量、安全留痕模块中；也可以将现场质量安全隐患、问题及时以文字＋图片的形式通过手机端上传到 BIM 信息化平台，并设置截止日期推送给责任人限期整改，要求施工单位进行整改回复，缩短各单位、各部门间的指令传达及沟通协调时间，提高办事效率。BIM 信息平台中设置的文档管理模块是按照施工、监理、设计建立相应的资料目录树，要求建设过程中形成的各类文档资料，包括现场施工关键节点、重要工序的影像资料，分门别类地及时上传至 BIM 管理平台，不仅实现了参建各方资源共享，还倒逼参建各方努力保持项目过程履职资料和施工进度的同步性，同时生成了项目施工过程的电子档案资料，便于业主和监理随时查阅及电子档案的保存和归档，减少了日后整理归档的工作量。

7. 实现数字化交付

业主将设备、阀门、仪表等构件的坐标、厂家、位置、维保信息，以及施工过程其他管理数据、资料录入平台并与 BIM 模型挂接，在竣工时将平台数据打包，为结算审计提供可视化过程管理资料，并辅助结算审计单位开展在线审计；将上述数据包移交运营，为后续良性运营提供数据基础，有必要时可基于上述数字交付平台开发 BIM 可视化运维平台，辅助运营。

三、BIM 应用小结

本项目通过 BIM 协同管理平台，将业主方、设计方、监理方、施工方、BIM 顾问方等多方的信息管理工作集成到一起，通过统筹 BIM 协同管理平台，解决了异地协同作业、资料及信息共享、数据留痕等方面存在的不足和问题，各参建单位各司其职，有效弥合了信息交流障碍这一缺陷，通过信息共享实现了各管理组织的信息集成管理，优化了信息沟通机制，提高了管理效率和项目总体组织管理水平。

目前基地项目建设目标将按计划实现，项目建设技术管理创新成效显著，主要是靠业主先进的管理理念和先进的管理手段做支撑，以及参建各方协同一致的行动力和执行力。

参考文献

[1] 隋岳钊，裴海明．BIM 技术的应用与发展 [J]．山东工业技术，2018 (9)：148．
[2] 崔昊．基于 BIM 的施工进度优化方法研究 [J]．江苏建筑，2018 (2)：62-65．
[3] 谢羊城．BIM 在我国工程项目管理中存在的问题初探 [J]．中国住宅设施，2018 (4)：163-164．
[4] 李犁，邓雪原，基于 BIM 技术的建筑信息平台的构建 [J]．土木建筑工程信息技术，2012，4 (2)：25-29．

施工监理在重大工程中发挥的重要作用

——两港大道工程鲁班奖创建实践分析

汪青山　李欣兰　戴卫惠

上海三凯工程咨询有限公司

摘　要： 本文结合两港大道快速化工程申报"鲁班奖"的创优经历，从监理角度对项目特点及难点、监理组织与工作亮点、监理工作成效等方面进行了总结和思考，以期为今后类似市政道路与桥梁工程项目创优管理提供有益参考。

关键词： 道路与桥梁工程；施工监理；鲁班奖

一、项目概况

两港大道项目位于中国（上海）自由贸易试验区临港新片区，线路全长12.8 km，规划红线宽度60~90m。作为临港新片区首个上海市重点工程，极大改善了新片区的交通环境，临港新片区通往浦东机场的路程由45分钟缩减至25分钟，同时大幅减轻S2沪芦高速的交通压力，为新片区建成面向亚太的国际枢纽城市提供交通保障。

线路南起S2沪芦高速，北至大治河，工程实施内容为三座节点跨线桥，分别为X2路节点、临港大道节点、东大节点，以及路段快速化设施改造。施工自2020年5月20日开始至2021年6月30日结束。

二、项目特点与难点

1. 场地狭长，全线保通压力大、交通导改难度大。本工程基坑周边场地使用紧张，材料运输量大，各专业堆场占地面积大，如何进行施工组织，施工场地的合理划分、转换和管理是本工程的重点难点。东区基坑周边已无施工道路，导致场地内无法组织交通。本工程全长12.8 km，施工位置多，同时两港大道在施工的同时要保持社会车辆畅通，全线保通压力大、交通导改难度大。

2. 工期紧，任务重。两港大道工期短，涉及专业众多，包含东大公路高架桥、临港大道跨线桥、X2跨线桥及道路改扩建等，桥梁结构形式有现浇钢筋混凝土梁、钢混组合梁、钢箱梁、预制梁，

工期压力大。2021年6月30日需完成通车，建设周期仅406天。

3. 两侧地下管线复杂，强电、弱电、供水排水、国际光缆需要迁改。两港大道两侧地下管线复杂，项目在进场后还有多处管线未征迁，全线近200根各类管线（包括超高压电力、燃气、上水、信息、污水、监控、路灯、移动、国际光缆等），影响范围广；强电、弱电、供水排水、国际光缆需要迁改给项目抢工带来了极大的难度，尤其是电力管线，征迁缓慢，迁改周期长，对施工影响大。

4. 本项目施工难度大、精度高。桥梁结构形式有现浇钢筋混凝土梁、钢混组合梁、钢箱梁、预制梁多种形式，跨临港大道异形系杆拱钢箱梁单跨130m，

下有地铁 16 号线。全线跨线桥采用预制花瓶墩柱，工艺复杂、施工难度较大。现浇弧底鱼腹式箱梁，施工精度及成型质量要求高。

5. 本项目为线性工程，作业面广、涉及专业多、投入施工人员多，多工种交叉作业、立体作业多，危险作业较多，易出现各种安全隐患，因此工程在确保施工进度质量的同时，如何确保工程安全施工、加强环境保护和绿色施工管理，也是本工程的一个重点。

6. 本项目为临港新片区首个上海市重点工程，业主对于工程工期、质量、安全十分重视，临港管委会领导和业主集团领导巡查本项目频率较高；本工程 3 座跨线桥施工难度大，基坑最深 12m，单体跨度最长 130m，确保安全是本工程的重中之重。

三、监理组织与工作亮点

（一）监理组织机构的最高配置规格

根据监理合同及监理规范，并结合工程实际施工情况，针对本项目要求，组建了以事业部经理汪青山同志为总监理工程师的现场项目监理机构，管理经验、协调经验达到公司最高标准层级；设 2 位国家注册监理工程师常志生、戴卫惠同志为总监代表，技术水平与经验与普通项目总监理工程师齐平；陆续进场专业监理工程师如徐亚飞、潘军民、王莲官、李洪兴、张彪、李杨、康文英等近 40 人的监理项目部，涵盖安全、测量、材料见证、土建、市政、桥梁、钢结构、安装、绿化等多个专业，监理人员年龄结构、专业配置齐全合理。设立公司与上勘集团定点项目顾问团队，进行一对一技术支持。

监理人员进场后，在总监的组织下，配备了计算机、打印机、照相机、钢卷尺等办公设备；根据现场施工进度情况，配备了全站仪、经纬仪、水准仪、红外手持测距仪、检测尺、游标卡尺等相应设备。另外由于工地离项目总部较远，施工线路长，现场按照 3 个工区进行分组驻点监理，同时监理总部配备了 6 辆小汽车或面包车，统一进行项目的全局管理。

（二）监理工作的创新与亮点

1. 专人材料验收

本工程时间紧、任务重，为保证时间节点的按时完成，项目监理部始终严把质量关，严格验收标准，完善质量管理细节，精益求精。现场巡视旁站人员随身携带工具包与图纸，遇到现场施工存疑，随时对照图纸比对施工，发现问题第一时间通知施工整改，避免了后续更大的整改返工。安排专人管控材料进场验收，不合格材料坚决退场，从源头上确保质量合格。

2. 重点工序样板引路

建设过程中，根据现场施工进展情况，对桥梁工程墩柱吊装、现浇箱梁施工、钢箱梁施工等重点施工工序实行项目样板引路制度。过程中严格按方案执行，仔细认真研究图纸设计意图，主动联系设计进行技术沟通，掌握关键节点的控制流程，按要求进行督促监管，在确保规定动作不走样的同时，项目部实行 24h "坐诊"值班制度，监帮结合，对施工现场的每一个环节严格"把脉"，全方位全过程管控工程质量。针对工程特点，从源头抓起，把好原材料进场关口，确保只要现场有施工，就有管理人员全程旁站，对重要工序和关键部位更是全程跟踪检查，做到事前有指导，事中有控制，事后有检验，

确保项目质量管理水平不断提升，一次交验合格率达到 100%。

3. 严格验收标准不退缩

在保节点的过程中，项目监理部始终严把质量关，严格验收标准。面对多重困难和压力，项目监理部没有退缩，把严格响应业主目标作为服务首要原则。确保现场安全施工和高质量产品交付，利用丰富专业经验，与施工单位充分研究，科学修订工程进度计划，确保满足目标合理又可行。

4. 24h "坐诊"值班制度

在施工高峰期，项目监理部大力配合监督验收，激发团队奋战保进度的工作激情，将有限的资源合理分配，最大限度发挥资源的整合利用。监理团队急客户所急，24h "坐诊"值班制度的实行，不论是在用餐时还是夜间休息时，只要现场有需要，立马放下碗筷，打起精神投奔现场作业面，风雨无阻。整个团队从第一天起就同心协力，充分发扬"特别能吃苦、特别能战斗、特别能奉献"的精神，力保每个里程碑节点如期完成。

四、监理工作成效

（一）坚守质量管控底线

监理在工程质量管理中有不可替代的作用，因质量管理的每道工序、每个检验批都必须要在监理人员进行验收合格后方可进入下道工序，每个分项工程、分部工程都由多个检验批及工序组成，故监理只要认真把好工序关，努力提升专业知识，提升专业技能，一定能控制好各阶段的工程质量。

作为施工主体单位，以目前建筑行业的环境、条件等，施工单位大部分存

在不按设计文件、不按规范进行施工的现象，作为监理应掌握质量控制的关键节点，利用好监理各种手段保证工程质量满足要求。

本项目实例：钻孔灌注桩箍筋间距不符合设计要求，监理发通知单并处罚款 5000 元。

（二）严控安全防范屏障

监理作为建设工程参建一方，不管是建筑法，还是监理合同中的约定，安全管理是监理必须认真、仔细研究的管理目标，要做到安全可控，必须确保安全规范的执行力，做到安全管控零容忍，安全管理有方向、抓重点、做预防。目前建筑行业监理已经成为工程安全管理不可或缺的一方。

本项目的安全管理，总监办秉承的一贯作风是全员参与，所有监理人员每日巡视内容清晰，发现违规立即阻止违规操作，并向安全主管汇报，确保及时消除隐患。

监理日常管理每周安全例会，参与安全交底，发放安全指令单。

本项目示例：深基坑未按方案施工，监理发通知单并处罚款 10000 元。

（三）动态高效协调机制

组织协调工作分为与施工单位的管理协调工作，与建设单位、设计单位、勘察单位、政府建设主管部门的相关协调工作。如何完成此项工作，对工程进展有辅助作用，监理人员应加强自身的协调能力，对于监理工作的顺利完成能起到积极作用。

每周由施工单位梳理需要协调和解决的问题，在工程例会上列为专项，分析对口责任单位及人员，限时跟进解决；同时实施两级警报制度，影响本道工序及下一道工序，两级都要提前发出预警。

（四）合理稳步进度推进

监理项目部认真审核施工单位的总进度计划、各阶段的进度计划，分析各阶段进度的实施情况，及时快速地找出制约进度的因素，给出解决进度滞后的方法与建议措施。

本项目每周对进度的关键线路均有分析，采取的措施均有方案，故总工期满足合同要求。

（五）重合同，控投资

合同管理工作可保证工程中各专业程序性合法、合规，有利于各项工作的开展，监理与各专业分包单位签订合同，有监督总包及时落实工作的权力。

本项目分包专业多，监理项目部认真梳理后要求总包及时落实相关分包单位合同的签订。

工程建设资金的落实直接影响工程进展，监理对工程款项的审核工作可以保证资金的有效利用，保证工程进度款的支付有据可依，保证满足合同约定条款要求。

施工单位对每阶段的进度款项申请均想多申请、早拿钱，但现场监理必须严格做好监督工作，确保项目上进度款项与实际进度相匹配，保证满足合同要求。

结语

自 2020 年 5 月 20 日开工以来，本项目累计获央视 7 次报道，人民日报、行业主流媒体等报道 163 次，累计接待各级观摩学习群体 30 余次。项目于 2021 年 6 月 30 日具备通车条件，7 月初实现通车；全线 12.8km，施工历时 406 天，圆满完成了建设单位的工期要求，实现了项目建设的预期目标，受到临港新片区管委会的高度认可。

本项目最终荣获"鲁班奖"，总监理代表戴卫惠在 2020 年荣获临港新片区立功竞赛先进个人，展现了公司"特别能吃苦、特别能战斗、特别能奉献"的精神，既是对项目团队的肯定，也是给公司管理团队的一剂强心针，它代表着公司逐步向国家一流靠近，也代表着公司工程质量踏入高标准、高要求的另一个新起点及新征程。

未来，三凯公司人将继续控安全、铸优质、立口碑、树品牌，始终秉持"质量第一、服务至上、持续改进、争创一流"的服务理念，夯实安全、质量基础管理，确保项目平安运行，树立企业形象，争创优质工程，为企业高质量发展保驾护航。

新时代背景下监理工作的成效提升

李东升

上海同济工程咨询有限公司

摘　要：随着全过程工程咨询服务的推行，工程建设领域迎来了重大的市场环境变革，面对全过程工程咨询的大踏步发展，工程监理企业陆续向全过程咨询转型，而工程监理业务的生存空间也随之受到明显的挤压。这对于刚刚转型成为全咨单位的企业，抑或是尚未转型的监理企业来说，是一种压力同时也是一种动力，监理咨询服务是工程建设领域中必不可少的一环，如能在工作中充分强化自身，发挥监理的专业优势，必将使工程监理在工程咨询行业中走得更远，走得更稳。本文将以雄安新区容东片区C组团安置房及配套设施项目的监理工作为例，对监理咨询服务的工作成效提升进行实践探讨，探索工程监理在实践工作中优化服务的策略，以期能为工程监理咨询服务的稳步前进提供一定参考。

关键词：工程监理；专业能力；人员组织管理；成效提升

一、环境巨变，需要垂直深耕

工程监理是建筑工程领域重要的组成部分，自20世纪90年代国家推行工程建设监理以来，建设监理制度已经持续30多个年头。30多年中工程建设监理在工程项目开发的过程，特别是工程项目的实施阶段起到了至关重要的作用。

近几年来，经过全过程工程咨询业务的推行及实践，全过程咨询服务取得了长足进步，其业务范围覆盖了工程勘察、工程设计、项目管理、工程监理、造价咨询、招标代理、专项咨询等多个业务板块，致使工程监理已经成为全过程工程咨询的一部分。而随着众多监理企业转型成为全过程咨询单位以后，监理业务受到进一步的挤压，建筑工程领域内无论是业主单位还是全过程工程咨询单位自身对工程监理的重视程度也进一步减弱，与鼎盛时期的工程监理相比，目前的工程监理业务已经渐渐显得摇摇欲坠。

目前的行业背景，对刚刚转型成为全咨单位的企业，抑或是尚未转型的监理企业来说，主营业务的羸弱，必将成为企业生存和发展的拦路虎。面对如此局面，监理企业作为工程建设实施阶段的重要环节，只有在经营和项目建设过程中充分发挥自身专业优势，补齐自身短板，在专业方向垂直深耕，以优秀的专业能力和优质的工作成效为旗帜，才能在充满机遇与挑战的浪潮中不断前行，迎风破浪。

二、人员为重，改变固有印象

随着全过程咨询单位的兴起，社会资源开始逐渐向全过程咨询单位倾斜，大量行业内正当年、能力强、经验足、学历高的优质人才流入全过程咨询企业。即使是由监理企业转型的全咨企业，也将优质人才调往全过程咨询业务部门，经过数年的"大浪淘沙"，监理业务人才大量流失造成从业人员平均素质急转直下，这使得在日常的监理工作中，往往给业主单位留下监理人员不专业、工作不积极、无法为项目有效助力的印象。

位于雄安新区的容东片区 C 组团，建筑单体 150 余栋，总建筑面积逾 160 万 m²，建筑规模庞大，项目监理团队近 200 人，人员规模已超过大多中型监理企业，对于项目监理机构而言少有先例。

"积土成山，风雨兴焉；积水成渊，蛟龙生焉。"由于项目监理部的机制特性，监理部无法以公司性质对项目部实施管理，加之新区建设的重要性，在行政、后勤、财务、防汛、信息管理的多元化要求下，项目监理部人员随着项目建设陆续增加，随着人员的不断增多，工作难度增加、人员管理困难、人员素质参差不齐等一系列问题逐渐凸显，团队管理难度呈指数级提升。

如在工作中无法对人员形成有效的管理，将产生由量变到质变的转变，进而产生无法预估的结果。也正因如此，在 C 组团监理部组建之初，项目核心成员便开始寻求解决方法，最终把人的因素确定为影响项目监理成效展现最重要的因素，也是项目监理团队需要面对的最重要的课题。想要摆脱业主单位对监理人员不专业、监督效果不理想的固有印象，避免因"两极分化"带来的各种负面因素，加强对项目人员的组织管理势在必行。

三、深度管理，强化管控效果

没有不需要人就能解决的问题和事件，也因为人的参与才使得事件出现诸多不可控因素，在全面质量管理理论中，人的因素处于人、机、料、法、环五大因素中的主导地位。对于人的管理 C 组团监理部以年龄结构、组织架构、职责分工、管理方式、培训提高、绩效考核六个方面为核心，采用刚柔并济的方式对项目人员进行综合管理，以在项目实施过程中全面提升监理工作成效。

（一）以年龄结构当引，从源头解决两极分化

如今的市场现状是监理行业的取费较低，监理单位为节约运营成本，在人员上半被动地使用了非老即小的年龄组合，形成尴尬的"凤头龙尾"。其中，年龄大的人员虽然经验丰富，但身体条件相对较差，往往不熟悉对现代科技的应用，对计算机、手机 APP 的使用不够纯熟，效率低下。而年龄小的人员虽然身体强健，对现代科技应用纯熟，但现场经验及社会经验显然处于劣势，无法独立完成工作任务。两极分化的年龄组合非但无法实现一加一大于二的效果，甚至实现一加一等于二都成了奢望。

针对 C 组团建设体量大、工程质量要求高、工期紧张、监理服务内容多、各专业监理人员需求大等特点，为实现监理组织机构的高效管理及监理工作的顺利开展，使项目团队更具凝聚力和战斗力，项目监理部组建之初便订立了优化人员年龄结构的目标，公司内部人员的调派以及聘任新员工的首要条件便是年龄。由于工程项目的特殊性，综合考虑未来公司经营需要、新生力量的培养等因素，在公司领导层及公司职能部门的支持下，项目最终老中青人员构成比例为 2：4：4，既保证了工程经验的传承，也保证了监理业务开展过程中有足够的主干力量，还保证了公司未来的人才培养和经营需要的多种可能。

（二）从职责分工着手，用层级确定管控范围

在任何工程项目组织管理中，组织机构的设计都是重中之重。按照组织结构的规律，固定的人在固定的岗位担任固定的职务即产生相对应的职权与责任，权责的一致性是提高组织效能最关键的因素。而权责的明确，势必需要最先确定管理层次和管理跨度。在项目监理机构的组织机构设计过程中，应通盘考虑项目涉及的各类因素，在结合了一系列雄安新区制度文件、业主单位制度文件、项目实际需求、项目监理团队自身情况后，项目监理机构决定按照决策层、管理层、执行层三个层次（图1）对整个项目监理团队实施管理，形成以总监理工程师、总监代表、总监助理为核心的对监理机构整体进行导向性把控的决策层；配合横向设置以一至五工区长为主，纵向设置以技术负责人、实验负责人、安全负责人、资料负责人、后勤负责人、财务负责人、造价负责人为主的管理层，对执行层进行不同层面不同维度的管理。

1. 决策层。由总监理工程师和项目核心成员组成，主要根据建设工程监理合同要求和监理活动内容进行科学化、程序化的决策与管理。

2. 管理层。由各工区负责人及各职能部门负责人组成，具体负责决策层的政令传达、工区（或部门）的内外部组织管理。

3. 执行层。由各专业监理工程师及专业监理员组成，监理工程师具体负责

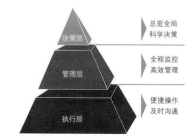

图1　管理层次划分

监理规划的落实、监理目标控制及合同实施的管理；监理员具体负责监理要求的传达及监督落实。

（三）以组织机构定岗，从专业分配职权责任

解决了管理层次问题后，是否有一个健全的、相对合理的、切实可行的管理体系，成了需要解决的问题。经过深入思考，决策层决定从项目的组织架构体系入手，从根源上解决大型化工程项目人员管理的突出问题。根据项目整体组织架构（图2）确定监理人员的合理分工，包括总监理工程师、总监理工程师代表、工区负责人、各职能部门负责人、各专业监理工程师和监理员等。

确定合理分工后便要对不同岗位监理人员进行选择，再统筹考虑人员年龄、经验、性别、学历、证书、性格、工作态度等各方面因素，形成最佳搭配，保证各个部门的合理、协调与平衡，这是项目监理机构有效、高效、平稳、持续运转的前提条件。经过深思熟虑，矩阵式组织架构模式成为最优选择。

矩阵式组织架构是一种较新型的组织结构模式，是在直线职能式垂直形态组织系统的基础上，再增加一种横向的领导系统，它由职能部门系列和项目小组系列组成，从而同时实现了项目部式与职能式组织结构特征的组织结构形式。

C组团监理机构为合理划分各职能部门，依据项目监理机构目标，监理机构可利用的人力、物力资源以及合同情况，将技术管理、质量控制、安全管理、进度控制、合同管理、投资控制、资料管理、信息管理、后勤保障等监理工作内容按不同的职能活动设置相应的管理部门。

同时为方便员工之间辨认、明确项目人员编号、岗位、联系方式、轮休时间等，在组织机构图中融入照片、职位、编号、电话、休息日等信息。由于不同岗位对于主要管理（或执行）部门的责任主次不同，组织机构图在不同指令路径中用虚实线予以区分（实线为主要指令执行路径），不同岗位层级、证书层级等采用不同颜色色块予以标注，最终形成以矩阵式组织机构为模型的监理部综合信息图，对全员信息予以掌握和把控。

（四）以管理手段做辅，以制度引导工作成效

"没有规矩，不成方圆"，企业的发展离不开制度，项目的稳定同样离不开制度，一个合理、有效的管理制度不仅能规范员工的行为，提高其工作质量和工作效率，更能维持项目人员间的平衡，预防争议的发生，对员工实现正向引导。强化制度管理，是项目监理机构管理更加顺畅、责任更加明确的手段之一。

根据责权一致的原则，项目监理机构在综合信息图的基础上，采用了监理部内部管理制度、监理人员网格化管理办法、监理人员岗位职责、监理人员验收及签字权限表等一系列制度化管理文件，对监理人员进行适当授权，以承担

相应的职责。

网格化管理办法是根据项目的实际情况及工区划分，设定具体人员负责的区域通过网格化管理示意图，明确员工相应的责任范围，既提升了员工的责任意识，又使得出现的一系列问题有了追溯的可能性。

验收及签字权限表对外是明确监理人员权限和范围，对内是控制员工工作量平衡、工作任务质量的重要手段，在项目实际工作中发挥了重要作用，任务明确、责任明确、权限明确，使得项目员工的工作开展有序且高效。

（五）以培训提高为愿，用理论提升职业素养

"工欲善其事，必先利其器。"对于监理单位来说，员工的素质和专业知识就是企业的战斗力，员工素质的提高不仅仅能增强企业的凝聚力和向心力，还会增强员工的主人翁精神，全面提高员工的思想意识和工作能力。因此，企业对员工的培训成为企业创造优质业绩、屹立于市场中的关键所在，一个好的企业必定拥有一个好的员工培训机制。

对于监理项目而言，员工培训的内容不仅仅包括企业文化的培训，现场施工技术和核心技能的培训才能最快地

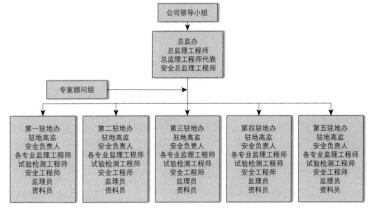

图2　整体组织架构

提升员工基本素养。对此，项目监理部从入场实施监理服务开始便有意识地对员工植入培训的思想，制定切实可行的培训计划，让新员工在项目的入职流程中加入培训计划这一环，目的是使新员工能快速适应现场工作环境，在不同的施工时间段进行相应工序和专业知识的交流。

（六）以绩效考核托底，用压力推进执行动力

绩效管理是人力资源管理的核心，是企业对员工的工作业绩、工作能力、工作态度、个人品行等方面进行综合评定、定义员工层级的重要手段和方法，而绩效考核则是绩效管理中的重要环节，绩效考核与否和绩效考核成效直接决定了绩效管理的真实性和有效性。对于监理项目而言，绩效考核可以增强项目监理机构的运行效率，促进项目监理机构的良性发展，提高员工的工作热情和职业技能。通过月度考核表的制定，对员工的考核内容、考核标准及考核时间等进行明确，使员工在压力中前进、在实践中受益。

四、步步为营，提升工作成效

通过对人员年龄结构的控制，职责分工、组织机构、管理制度体系的建立，一步步使项目人员管理工作思路逐渐清晰；再通过综合信息图的应用进一步明确项目人员组织关系，员工各项信息（特别是层级关系）公开化、透明化，使得员工在工作中清楚自己的位置，明确个人工作及生活中的索求路径，充分避免了猜忌、不平衡等负面情绪，使其在工作中更加积极向上、充分发挥个人能力。结合员工培训和绩效考核等手段，项目员工的职业素养得到整体性的提升，项目监理机构的工作成果也渐渐凸显。

项目监理团队在雄安新区如火如荼建设的大背景下，获得了河北省优质工程、雄安集团优秀监理流动红旗、优秀专业监理工程师等团队及个人奖项，工作方式、工作思路及工作成果也被业主看在眼里，使得业主对监理单位的固有印象得以有效改观，也使得监理咨询的工作成效得到一定意义上的提升。

五、时代变迁，壮士仍需努力

回顾监理行业30多年的风风雨雨，经历过探索，经历过成长，经历过辉煌，也经历过衰退，这是行业发展的规律，但不是行业发展停滞不前的理由。现在是一个信息爆炸的时代，同时也是一个充满机遇和挑战的时代，咨询行业也好，监理行业也罢，要想在时代的洪流中站稳脚跟，势必需要抓住机遇、迎接挑战，在众多业主单位的"众目睽睽"下发挥应有的作用，创造更多的价值，以客户为中心，以服务为宗旨，用更好的服务体验来赢得客户、赢得市场。

时代变迁带来的市场变化无法避免，奋斗的决心不可动摇，行业发展与壮大是每一个业内人士共同的心愿，而这也正是我们积极寻求工作成效提升的初衷所在。相信在业内人士的共同努力下，监理行业在不久的将来定会重新焕发生机。

工程监理行业面临的困境与高质量发展策略建议

崔莹莹　　敖永杰

上海同济工程咨询有限公司

摘　要：经过35年的不断探索与发展，工程监理行业在我国波澜壮阔的建设事业中发挥了不可替代的作用，为保障建设项目的工程质量和安全生产、守护人民群众生命和国家财产安全、护航社会稳定和经济发展做出了重要贡献。然而，纵观我国建设行业的发展和变化，在建设工程的五方责任主体中，即建设方、勘察方、设计方、施工方和监理方，工程监理的定位愈渐模糊，其范围和责任存在越来越多的争议。因此，工程监理行业只有追本溯源、认清问题、厘正责任，才能明确方向、谋划发展。

关键词：工程监理行业；监理困境；监理定位与责任；高质量发展

引言

经过35年的探索实践，工程监理行业已经成为我国工程建设领域的重要组成部分，在保障工程项目建设的质量安全方面发挥了重要作用，与法人责任制、招标投标制、合同管理制共同组成了我国工程建设的基本管理体制，为顺应政府体制改革、计划经济向市场经济过渡，以及推动社会经济快速发展做出了积极贡献。然而，工程监理行业作为我国改革开放之初的必然产物，在过去35年大规模工程建设中发挥了非常重要的作用，但也产生了诸多问题，业内争议也颇多。应该如何看待这些问题和争议呢？笔者认为，我们应当以历史发展的眼光看待这些问题和争议，面向工程监理行业的未来发展，即从当前工程监理行业面临的认知困境，追本溯源、不忘初心，厘正工程监理的定位与责任，在明确方向的基础上，提出促进行业高质量发展的策略建议，为工程监理行业可持续健康发展提供启发和借鉴。

一、工程监理行业面临的认知困境

（一）工程监理局限于施工阶段质量和安全，范围被缩小

工程监理制度的诞生一方面是为了适应政府体制改革的需要，从计划经济到市场经济，需要有一种适合市场化发展的工程项目组织生产管理方式；另一方面是为了推动经济发展，需要引进外资和国际贷款，适应国际惯例的要求。随着我国基本建设范围和规模的不断扩大，工程建设过程中质量和安全问题不断凸显，迫使我国建筑业监管体系改革需要不断深入，《安全生产法》《建设工程质量管理条例》《建设工程安全生产管理条例》等法律法规和规范性文件，相继对项目参与各方的职责不断进行细化和加重，特别是施工阶段的质量和安全监管成为重中之重。面对大规模基建任务，政府监管资源缺乏、监管方式单一，

迫使政府希望通过监理来分担压力。因此，从客观上讲，工程监理被局限于施工阶段质量和安全的监督定位，一定程度上是由于我国建筑业水平整体不高、政府监管责任不断加重等原因造成的。

（二）工程监理的安全责任被放大，权责不对等

1. 工程监理的安全责任被放大

根据《建设工程安全生产管理条例》（国务院令第 393 号），工程监理单位的法律责任主要有四个方面：

一是未对施工组织设计中的安全技术措施或者专项施工方案进行审查的；

二是发现安全施工隐患未及时要求施工单位整改或者暂时停止施工的；

三是施工单位拒不整改或者不停止施工，未及时向主管部门报告的；

四是未依照法律法规和工程建设强制性标准实施监理的。

虽然法规只是对工程监理单位的安全生产管理职责作了原则上的规定，但在实际操作中各地方的理解和掌握尺度不尽相同，致使一些地方把监理工程师的安全责任层层加码，任意扩大监理的安全责任。

2. 工程监理的权责不对等

虽然相关法律法规均规定了工程监理单位的相关责任，同时也赋予了工程监理单位可以行使的权力，但在实际监理工作中存在监理权责严重失衡。一方面，工程监理单位的权力往往得不到保证。部分建设单位行为不规范，基于各种理由不赋予工程监理人员足够的权力，甚至越过监理机构直接指令施工单位，使得工程监理工作无法有效开展；有关工程计量、价款支付、变更审批等权力没有真正授权给工程监理单位。没有建设单位的支持和经济权力的保障，监理

许多指令无法贯彻。另一方面，相较于施工单位的主体责任地位，对监理法律责任的追究却太过严厉，甚至出现监理单位罚金和施工单位罚金相同甚至更高，缺乏公平性、合理性。

（三）工程监理法律法规体系尚不够完善

工程监理制度实行 35 年以来，相继出台了《建筑法》《建设工程质量管理条例》《建设工程安全生产管理条例》等相关的法律法规、规章制度和标准，对工程监理的性质、范围、质量、安全做了原则性的规定，但作为工程建设五方责任主体的工程监理，尚缺乏建设工程监理管理条例的制定，对工程监理的定位、定性、范围、内容、职责、监管、法律责任等缺乏具体、更高层级的法律规定。

二、追本溯源，厘正工程监理定位与责任

（一）工程监理的定位追溯

1988 年工程监理制度建立之初，工程监理定位于工程项目的决策和实施阶段的项目管理，到 20 世纪 90 年代工程监理定位于施工阶段的三控监理，直至现阶段施工阶段的质量和安全监理为主，可以说这是我国由整个建筑业发展水平相对较低所导致的，也符合工程实践的客观需要。

但是，随着改革开放的进一步深化以及高质量发展的要求，市场化、专业化的全过程项目管理需求与日俱增，需要有部分工程咨询企业承担综合性、一体化的全过程工程咨询服务，工程监理应该是其中的一支主要力量。《住房城乡建设部关于促进工程监理行业转型升

级创新发展的意见》（建市〔2017〕145 号）等为工程监理的发展指明了方向，当前浙江、深圳等地以监理为主体开展全过程工程咨询的实践活动也证明了部分骨干监理企业完全有能力承担综合性、一体化的全过程工程咨询，也是全过程工程咨询的主力军。因此，从未来的发展看，工程监理总体上应定位于全过程工程咨询的范畴。

需要指出的是，当前以强制监理为主的监理定位应该有别于全过程工程咨询的工程监理定位（暂且定义为"广义"的工程监理），它是受"一法两条例"等相关法律法规的规定决定的，应严格定位于法定强制监理工程范围内施工阶段的工程质量监理和履行安全生产管理的法定职责。两者之间的关系也符合《民法典》第九百二十条的规定："委托人可以特别委托受托人处理一项或者数项事务，也可以概括委托受托人处理一切事务。"

综上所述，"广义"的工程监理应定位于全过程工程咨询的范畴，强制监理应定位于法定强制监理工程范围内施工阶段的质量和安全。如这样，一方面有利于工程监理未来的可持续发展，符合市场化和国际化发展，有利于推进行业组织结构的合理化；另一方面，也有利于强制监理范围内工程项目质量和安全监理责任的落实。

（二）工程监理的责任界定

《建设工程监理合同（示范文本）》GF—2021—0202 和《建设工程监理规范》GB/T 50319—2013 对工程监理的合同责任和义务作了具体的约定，"一法两条例"对强制监理的法定责任作出了具体的规定。但是，由于工程监理缺乏专门的监理法律法规及相关具体政策依

据，一些监理责任的具体界定十分困难。

工程监理的责任主要来源于工程监理合同的约定和法律法规的规定，合同责任是工程监理的首要责任，法律法规规定的责任是伴随监理合同的职责履行而产生的，没有工程监理合同的委托也就没有相应的监理法定责任；反之，监理的法定责任是在履行监理的合同责任过程中得以体现。

因此，对于工程监理的责任界定，需要正确处理好监理合同责任和法定责任之间的关系，明确监理责任清单和免责条件，避免和防止任意扩大或缩小监理应尽的义务和责任。当前，监理责任的清晰界定和精准定位关系到工程监理行业的可持续健康发展，需要引起高度的重视。

三、促进工程监理行业高质量发展的策略建议

（一）实行两种管理模式，逐步缩小强制监理的服务范围

回归初心，实行两种管理模式，即政府强制监理模式和社会委托监理（咨询服务）模式。对于政府强制监理模式，建议进一步缩小政府强制监理的范围。可分两步走：

第一步是逐步缩小强制监理服务的范围和规模标准。将强制监理限定于国家重点建设工程、大中型公用事业工程、重大社会民生项目、关系社会公共利益和公众安全工程等范围内，限定于实行施工阶段质量监理和履行安全生产管理法定职责的强制监理，其委托方式、服务范围和内容、取费、责权利约定等需严格按照法定程序和要求进行。

第二步是取消强制监理，直至取消监理准入门槛。前期工程咨询、环境影响评价、招标代理、造价咨询已取消行政许可的准入门槛，适应了政府"放管服"的改革需要，发挥了市场在资源配置中的决定性作用，其经验是值得借鉴的。工程监理作为工程咨询的组成部分，最终应通过市场决定其地位和作用的发挥。政府监管可以通过强化项目法人责任制的落实，重点落实建设单位的法定责任，建设单位可以通过市场选择其"顾问助手"，包括委托工程监理协助其履行业主方项目管理的职责。当然，选择什么时机取消强制监理，还是要十分慎重，完备相应的应对方案。

对于非强制的工程项目，由建设单位进行自由抉择，是否采用监理制，或全过程工程咨询管理模式，或实行自主管理模式。

（二）鼓励业务多元发展，提升工程监理企业竞争力

1. 挖掘专业咨询服务市场

对于专业领域技术能力较强的监理企业而言，可以将专业技术或管理人才投入多元化的业务开发，进一步挖掘市场需求。例如，若成片开发建设的住宅小区工程不强制监理，房地产开发商可以自主实施管理，也可以通过购买保险或委托第三方风险评估机构等其他社会力量加强对工程质量安全管控；或者对于中小型基础设施、公用事业等关系社会公共利益、公众安全的项目，以及总投资额在5000万元以下全部或者部分使用国有资金投资或者国家融资的项目，若政府认为有必要加强施工监管的，也可通过政府购买服务的方式，委托风险管理咨询服务或巡查服务。以上皆可作为监理企业立足自身优势拓展业务的市场，让市场选择合格的企业提供所需要的咨询服务。对于服务质量不高、履职不到位的企业，通过经济责任、市场评价等方式自然淘汰，充分尊重市场经济规律。

2. 培育全过程工程咨询服务能力

针对综合实力较强的，具备产业链延伸能力的监理企业来说，可以投入更多的优质资源和优秀人才，发展项目管理及全过程工程咨询业务，向项目投资决策和运营维护阶段前后延伸，提升国际竞争实力。建议政府加快"放管服"改革深度，尤其要打破部门间、行业间、地区间的政策壁垒，同时整合发改、规划、财政、住建等各部门协调工作机制，打通全过程政府管理及服务流程，为全过程工程咨询提供更加开放的市场环境。

（三）加强诚信体系建设，健全工程监理监管体系

1. 将建立和完善工程监理企业和个人诚信体系平台作为健全工程监理监管体系的工作重点

从市场准入的环节来说，在监理工程师的报考注册和监理企业的审批环节通过网上公示等手段加强诚信建设，做到监管的公开、公平、公正；从市场运行环节来说，分别建立企业、人员和项目的信息库，并实现市场信息系统与政府信息系统的实时对接，对企业、人员在项目运作过程中的违法违规行为及时进行通报批评，对好的案例则及时表彰和奖励。从而通过加强诚信体系的建设，健全工程监理监管体系，促进工程监理制度的健康发展。

2. 推动建立建设市场诚信体系，包括推行工程担保和保险制度、建立诚信信息系统、加强市场的诚信管理等

对监理咨询企业而言，应逐步建立以监理责任保险为主要内容的工程风

管理制度。有关合同示范文本中，要订立相应的监理责任保险条款；逐步开办工程监理、咨询机构的意外伤害等保险，增强我国监理企业抵抗风险的能力。

（四）加快行业数字化转型，推动数字化监理

1. 加强大数据基础建设，提升监理行业数字化能力

工程监理行业作为工程咨询行业的重要组成部分，数据的积累和处理非常重要。建立数据标准、业务流程标准，通过数据化产品设计，使行业由被动履约向主动服务转型。建立未来行业数字化团队的架构与核心岗位，以及数字化团队需具备的能力，从而匹配未来行业的数字化建设要求。

2. 提供以 BIM 技术应用为核心的新型数字化监理

工程监理行业应根据市场需求制定 BIM 应用的发展规划、分阶段目标和实施方案，合理配置 BIM 技术应用所需的软硬件条件。通过规范 BIM 模型创建、修改、交换、应用和交付过程，逐步建立工程监理行业 BIM 应用标准流程。通过科研合作、技术培训、人才引进等方式，推动工程监理行业相关人员掌握 BIM 技术应用技能，全面提升监理行业 BIM 技术应用能力。

结语

综上所述，我国工程建设监理行业正处在一个新发展阶段，面临着诸多问题和挑战。为促进监理行业的高质量发展，我们需要追根溯源、不忘初心、牢记使命、砥砺前行。面对工程监理行业存在的困境，应从源头上厘清工程监理的定位，界定工程监理的责任，提出两种管理模式，放开社会投资工程，扩大业主自主选择权，逐步缩小强制监理的范围；同时鼓励监理企业多元化发展，不断提升自身竞争力；加快数字化转型，推进数字化监理。相信未来我国工程监理行业在工程建设中仍将发挥积极作用，为国家经济的发展贡献力量。

工程监理质量与风险控制探讨

王冬梅

英泰克工程顾问（上海）有限公司

摘　要：监理在工程建设项目中发挥着重要的作用，质量控制和风险防范是监理工作的核心内容。本文从获得2020-2021年度"鲁班奖"的三亚俄罗斯旅游度假城项目一期第四标段监理的角度出发，探讨了监理质量控制和风险防范的重要性和作用，以及监理应如何在项目中实施有效的质量控制和风险防范措施。

关键词：工程监理；质量控制；风险防范；工程建设

引言

工程建设项目是社会发展的重要组成部分，涉及国计民生和公共利益，因此在项目建设过程中，需要严格把控项目的质量和安全。在建设过程中，监理作为一个独立的第三方机构，对工程建设项目施工阶段的监理，要对工程建设项目进行全过程监管，从而保证项目的质量和安全。监理的质量控制和风险防范是监理工作的核心内容，本文仅从监理的角度出发，探讨监理质量控制和风险防范的重要性和作用，以及监理应如何在项目中实施有效的质量控制和风险防范措施。

一、监理质量控制的重要性

（一）保证工程质量

在工程建设项目中，监理的主要职责之一就是对工程质量进行控制和监督，确保工程质量符合规范和标准要求。开工前做好事前控制，监理审核施工单位的资质及其派驻施工现场的主要技术、质量和安全管理等人员的资格；审核质量、安全生产管理体系的建立情况及特殊作业人员的资格。项目监理机构应从程序性、完整性、符合性等方面审查施工单位报审的施工组织设计和专项施工方案。针对拿奖工程，监理工作由被动变为主动，对施工全过程进行监督检查，每日对分项工程的施工质量完成情况做好相应记录；严格履行验收程序，各分项工程质量确认合格后方可进行下道工序施工，验收过程留有影像资料，每个分部工程各施工环节都在受控状态；在施工过程中也会出现一些质量问题，监理在巡视检查及验收中及时发现并督促整改，确保单位工程质量达到预定目标。

（二）提高工期、施工效率

监理质量控制还可以提高项目的效率。在施工开工前对施工组织设计及专项施工方案进行审查，对其中采用的施工技术安全措施、施工进度成本控制措施进行审核，对工程质量、进度、投资、安全可能有影响的部分审核后提出修改意见，施工中严格按照监理审核通过后的方案执行。三亚俄罗斯旅游度假城项目在工程中设计弧形悬挑阳台，施工工艺方法采用异形树脂模板施工技术措施来解决异形混凝土成型效果的特性，树脂模板要比木模拼接观感好，且节约模板，拼装时间短，监理在对方案中的树脂模板的厚度、重量、精致程度、安装的方法、周转次数进行探讨重新计算后，在施工执行阶段质量和工期均取得了好的效果，从而提高项目的施工效率，减少项目的工期、成本。

（三）增强企业信誉

工程建设项目成为城市标志性建筑，除了要有独特的外立面造型，还要保障工程的质量和安全，只有工程质量达到了优质水平，才能获得质量荣誉。监理在建设过程中，质量控制方面认真执行建筑规范、履行监理工作内容、监理工作方法，控制工程质量达到预定质量标准，项目在建筑行业内树立良好的声誉，同时也提高了各参建单位在行业市场中的竞争力和市场占有率。

二、监理质量控制的实施

（一）编制监理规划

在工程建设项目中，监理机构根据项目图纸、施工组织设计编制相应的监理规划，明确监理的工作内容和任务，并将监理规划作为监理管理工作的指导，对项目的整个施工过程进行全面监督和控制。监理规划须经过监理单位技术负责人的审批，工程质量控制重点在于预防，项目与监理机构遵循质量控制基本原理，坚持预防为主的原则，实施有效监理措施，通过审查、巡视、旁站、验收、见证取样和平行检验等方法对工程质量实施控制。监理规划审批通过后在第一次工地例会中进行了交底，明确了监理工作方法和采取的管控措施。

（二）严格执行质量标准

施工汇总监理严格执行相关的质量规范和标准，工程中对使用的材料严格履行验收程序，对主体施工材料的钢筋、水泥、混凝土的进场，见证按批次要求取样送检，检验结果合格方可验收使用，不合格的材料必须退场处理。对施工过程中出现的问题及时进行处理和纠正，并及时向业主和相关部门汇报，确保项目符合质量要求。

（三）强化现场监管

监理机构加强对施工现场的监管，通过现场检查和巡视，及时发现施工中存在的问题和隐患，并提出整改意见，督促施工单位及时进行处理和解决，确保工程的质量和安全。监理对工程中所进行的每一道工序进行检查，检查工序的施工方法和措施是否按施工方案执行，是否按设计要求施工，是否符合强制性条文。发现施工中出现了质量安全隐患，及时提出整改要求，并监督问题整改过程，验收合格后方可进入下道工序施工，确保各分部工程质量符合规范标准规定。

（四）建立监理档案资料

监理机构建立完整的监理档案资料，记录施工过程中的各个环节和出现问题的处理情况，以便后期进行追溯和处理。同时，监理档案资料也是项目质量的一个有效证明，可以证明项目的质量符合相关的标准和要求。项目移交使用后，参加"鲁班奖"评选过程中，有一项是对通过施工过程中形成的资料进行检查，项目的十大分部工程质量验收的资料及现场留下的影像资料回顾了施工过程的质量情况。核查每个关键工序验收资料的完整性、真实性，对当时施工质量情况进行判定和检查后出结论。

三、监理风险防范的重要性

（一）保证项目安全

在工程建设项目中，存在不同的风险和安全隐患，如自然灾害、人为失误等。监理的一个重要职责就是对这些风险进行识别、评估和防范，保证项目施工过程的安全。在施工前，监理机构根据项目施工的特点编制安全监督方案，针对项目防护架采用外附着式电动脚手架，监理编制外附着式电动脚手架监理细则，脚手架搭设前组织监理机构和施工单位进行细则交底，明确施工重点难点及监理管控要点，对可能出现的安全隐患采取相应的防范措施。在施工中明确各方的职责和任务，在设备安装时，现场监督检查，经过验收整改，再验收合格后投入使用。使用过程中监理对脚手架安全性进行检查，发现隐患及时向安装单位指出，及时消除了隐患。在爬升降落过程中做好监督管理，保证垂直作业面无工人施工，做好作业前的各项安全检查，升降时按操作规程进行，在整个外附着式电动脚手架施工期间未发生安全事故。

（二）减少项目损失

如果项目发生了事故或者质量问题，不仅会影响项目的进度和质量，还会带来不必要的经济损失。监理的风险防范可以有效降低这些损失，保障项目顺利进行。在施工过程中监理机构严格执行安全监督方案和设计施工安全的各项规范标准，对风险进行识别、提出质量安全隐患、监督施工单位消除隐患，避免安全事故发生或返工。保证合理工期内，保质保量完成施工任务。

（三）增强项目可持续发展能力

项目的可持续发展能力取决于项目的安全和稳定性。监理的风险防范可以保证项目的安全和稳定性，提高项目的可持续发展能力，为企业的长远发展打下坚实的基础。监理做好事前控制、事中控制，监督现场施工的每一个环节，第一时间发现问题并提出整改要求，避免隐患扩大，保证施工无事故、项目平稳完成。

四、监理风险防范的实施

（一）风险评估和预警

监理机构对项目中存在的各种风险

进行评估和预警，并及时向业主和相关部门汇报。同时，监理还制定相应的防范措施和应急预案，以应对突发情况。开工前，项目监理机构督促施工单位结合勘察资料、周边环境调查资料、施工图设计文件和风险分级清单等，对工程影响范围内的工程自身、周边环境、不良地质、自然灾害、施工作业等工程风险以工序为单元进行深入辨识与全面分析，对设计阶段的风险清单补充、完善和分级调整，形成施工阶段的安全风险清单，并列明风险类别、具体风险描述、防控措施。项目监理机构督促施工单位依据有关风险等级标准和准则的规定，对已辨识出的重大安全风险进行风险评估，制定专项施工方案（包括风险预控措施、监测方案以及应急预案等），报送项目监理机构审查批准，并按照规定由施工单位组织专家认证。

（二）加强安全教育和培训

总监理工程师安排具有相应资格的专职安全监理人员，负责安全生产管理，落实管理职责。监理机构加强对安全风险管理制度、监测方案、现场巡视检查的依据和方法、工程风险应急预案、监理应急预案等系列安全风险管理与控制文件的学习，保留内部学习培训记录。施工中监理机构督促施工单位加强对施工人员进行安全教育和培训，提高他们的安全意识和应急处理能力，避免发生事故和出现质量问题。

（三）强化现场监管

监理加强对施工现场的监管，对施工中存在的安全隐患和风险进行及时发现和处理。施工期项目监理机构全面监督施工单位进行现场安全风险管理，将施工阶段的安全风险管理纳入日常监理工作。专业监理工程师按照规定巡视检查工程安全风险防控措施的落实情况，发现问题监督施工单位进行整改，做好巡视检查记录。对于施工有重大风险的项目，在施工前检查施工单位风险预防措施，并进行旁站监理，做好监理现场记录。对施工单位存在的风险或违反风险管理规定的行为，监理机构向施工单位提出警告，不听劝阻或情节严重的，监理有权力予以停工处置，并及时向业主和相关部门汇报，确保项目的安全和稳定。

（四）建立风险管理机制

项目监理机构建立了完善的风险管理机制，明确各个部门的职责和任务，制定相应的风险管理措施和应急预案，以应对各种突发情况，确保项目的安全和稳定。

三亚市台风天气较多，特殊气候下监理按批准的施工安全专项方案和应急预案的预警要求，检查施工单位应急值守、巡查值守人员安排，检查安全防护必需品的配置和管理人员及作业。加强对相关人员的特殊气候的安全培训教育，检查施工单位是否安排专门部门和人员负责收集、分析和报告特殊气候预警信息。按照预警等级要求，督促施工单位停止室外作业或其他危险性较大作业（如吊装作业），并撤离人员到安全地方。

（五）对新技术、新工艺、新材料知识的学习

监理在质量控制和风险防范方面的工作不仅需要符合法律法规和相关标准，更需要具有创新意识和技术能力。监理机构需要不断学习和掌握新的监理技术和管理方法，提高自身的综合素质和竞争力，以更好地服务于工程建设项目的发展。工程建设中机电管线采用了BIM技术，解决管线碰撞问题。设计采用管线共用支架，管线路由主要集中在地下停车场行车道上空，路径分别有强电桥架、弱电桥架、风管、消防水管、给水排水等多条管线。根据BIM管线综合的管道原则，对各系统、管道、设备的材质和颜色进行定义，增强观赏性，更直观地表达各系统的布置情况。解决细节碰撞问题50多处，在施工前规避了返工的风险，节约了工期，避免材料及人工的浪费，进一步节约了工程成本。

结语

监理质量控制和风险防范是工程建设项目中不可或缺的部分，对于保证工程的质量和安全、提高项目的可持续发展具有重要的作用。监理应加强对施工现场的监管和风险评估，建立完善的风险管理机制，严格执行相关的质量标准和规范，提高施工人员的安全意识和应急处理能力，确保项目的质量和安全。

思变向新，论工程监理新时期发展之路

花荣元　王　纬

南京堃正工程项目管理有限公司

摘　要：党的二十大制定了当前和今后一个时期党和国家的大政方针，描绘了以中国式现代化全面推进中华民族伟大复兴的宏伟蓝图。工程监理经过30多年的发展已形成一定的规模，并在工程建设领域发挥了巨大的作用。随着社会经济的高速发展，监理行业已跟不上新时代的发展要求，无论是口碑还是社会的认知度等均未达到预期，在某种意义上，已阻碍了监理行业未来的发展。新时期、新机遇、新挑战，促使工程监理企业谋新篇、启新程、酝酿变革转型升级，探寻行业发展之路。

关键词：机遇；挑战；转型升级；建议

从1988年开始，我国在工程建设领域实行工程监理制试点，于1992年在全国范围内全面推行工程监理制，到1996年起开始全面发展，已历经35年。30多年的创新发展，工程监理人积累了丰富的管理经验，已形成了有中国特色的建设工程监理制度，为我国经济社会发展和工程建设发挥了不可磨灭的作用。随着时代的发展，因监理制度不完善、市场环境不规范等因素，工程监理的控制与管理作用未得到充分发挥。对此我们要认真予以思考，要总结成功和失败的经验，抓住机遇、与时俱进，坚定不移地走好工程监理新时期发展之路。

一、抓住机遇

（一）新时期发展要求

2022年10月，党的二十大胜利召开，开启了全面建成社会主义现代化强国、实现第二个百年奋斗目标，以中国式现代化全面推进中华民族伟大复兴的新征程。工程监理制度历经30多年，还处于一个不断探索和研究的过程。虽然现阶段存在很多困难和问题，但这也是发展和成长过程中的必经之路。在越来越复杂的新形势下，监理人必须总结过去，顺应市场发展规律，抓住机遇，继续探索和研究工程监理的转型和变革之策，以期更好地服务社会，获得社会的认可。

当前监理行业要为全面推进中华民族伟大复兴的目标贡献一份力量，一是要坚持抓好企业制度创新工作，着重抓好科技创新和数字化转型工作；二是要抓好业务创新，推动监理工作向全过程工程咨询转型升级；三是抓好人才队伍建设。通过自身努力、协会助力，助推企业不断向高质量发展，打破传统单一技术服务向全过程咨询服务转型升级。

（二）法律赋予的责任

《建筑法》明文规定国家推行建筑工程监理制度，《建设工程监理范围和规模标准规定》明确指出了实行强制监理的范围和规模标准，这是监理制度自推行以来一个强有力的法律支撑。法律赋予了监理企业应承担的特定职责，在一定程度上给监理企业今后的发展奠定了基础，也给监理企业的转型发展留下了一定的时间和空间。

虽然目前国内部分地区开始尝试取消强制工程监理，但这还需通过法律修改；若取消了强制工程监理，则建设各方的主体行为将失去约束，没有了强制工程监理，建设主管部门也失去了工程监理这最后一道"防护墙"。因此当前有法律的保障，我们必须认真履行好法律赋予监理人的职责，才可以按社会需求增减法律之外的服务内容，规范地开展各项监理工作。

（三）市场的需求

2017 年，发布了《住房城乡建设部关于促进工程监理行业转型升级创新发展的意见》（建市〔2017〕145 号），这对监理企业的转型升级提出了重要的指导意见。其中心思想是让工程监理服务提升多元化水平，要有有效的创新服务模式，逐步形成以市场化为基础、国际化为方向、信息化为支撑的工程监理服务市场体系。监理行业要增强核心竞争力，培育一批智力密集型、技术复合型、管理集约型的大型工程建设咨询服务企业。

当前我国正不断优化营商环境，相关法律法规不断完善，更加激发市场主体活力，监理行业应顺应新时期发展的趋势，全面推进工程咨询业的市场化。而积极推动监理行业发展的主要动力由法律向市场转变，市场化产生的结果就是优胜劣汰。因此，监理企业要在提升工程监理服务能力和水平上下功夫，否则无法保证服务的质量，从而失去了行业生存的根基。

当前，一是要立足于监理本身，进一步拓展服务主体范围和服务内容，积极为市场各方主体提供专业化服务，要做专、做强、做新，要做出品牌，要提供特色服务，以提升市场竞争力。二是适应政府部门工作要求，按照政府购买社会服务的方式，接受政府质量、安全监督机构的委托，对工程项目关键环节、关键部位进行工程质量安全检查。三是与业界信誉好、有影响力的设计、咨询单位建立战略合作伙伴关系，以联合体方式对外承揽全过程工程咨询业务。

二、应对挑战

目前业内正推行全过程咨询管理服务，这是一种转型，也是发展的趋势。但目前看来"全过程"的推行是监理行业转型升级的机遇，更是挑战。

（一）培养复合型管理人才

当前监理企业在立足施工阶段监理的基础上，要向"上下游"拓展服务领域，提供项目咨询、项目管理、政府采购等多元化的"菜单式"咨询服务。要打破目前工程监理施工阶段的"三控、二管、一协调、一履行"的局限性，向工程前期的调研、采购及后期项目评估等领域进行延伸服务，实现真正意义上的全过程项目管理。因此，工程监理企业一是需要引进和培养适合项目管理的人才，尤其是经济、管理、商务和法律等方面的人才。二是要配备一定数量及专业性较强的、满足监理工作需求的专业监理人员。三是监理单位要健全考核激励机制，加强人员培训，让整个监理行业具有核心竞争力。

（二）提高企业核心竞争力

目前的工程全过程咨询管理服务还不能成为真正意义上的咨询服务，即使已经转型的项目管理公司也不可能全部接手工程项目的全过程咨询管理服务，而只是现阶段工程监理的一种"替代"，还不能达到预期。因此，现阶段监理企业要在经营管理、队伍建设、监理质量等方面挖潜。

一是企业要规范自身行为。必须建立完善的监理工作管理制度，根据建设的不同阶段制定管理流程。只有制度和程序的规范才能在工程监理工作中很好地做到提前预控，加强事中控制，强化事后控制，才能提供高品质服务，赢得业务。

二是建立合理的人才结构。采取积极的措施，强化服务意识，培养引进急需人才，实现专业功能配套、功能补全，才能有利于提高监理人员的业务水平和管理水平，才能使现阶段建设监理工作更上一个新的台阶，为真正走向全过程咨询管理服务打下坚实的基础。

三是提高监理队伍的整体素质。企业必须从长远入手，抓好员工思想品德教育和职业道德教育工作；要加强职业技能的培养，培养一批精专业、懂法律、会管理、能协调的高素质监理人才；要注重监理人员的培训工作，抓好监理全员培训，加强总监、专业监理工程师和监理员经常性的专门培训；要激励员工与时俱进，工作中要大胆创新，增强创新服务意识。

四是要加大科技投入。未来，监理人员将更加注重 BIM 的应用，通过数据分析和智能监测系统等方式，达到降本增效的效果。

（三）工作要让客户满意

客户对刚进场的监理多半会心存疑虑，要想监理服务尽可能让业主满意，首先要站在客户的角度去思考问题，也就是换位思考。

为了消除客户的疑虑，工程监理人员首先应当按照职业准则和行业要求，严格遵守职业道德标准，廉洁自律，真正代表客户控制好建设目标的实施。尤其是项目总监，必须以身作则，起到模范带头作用，才能有效遏制项目监理机构的不良行为发生。确保用良好的职业道德行为赢得业主的基本信任。

其次，监理应在工作中充分体现自身的能力，运用专业技术理论知识，熟悉掌握设计文件、技术规范，对工程中的质量控制点、危险源控制点辨识清楚，采取得当的预控措施；能对影响造价、工期的因素透彻分析，提出合理化建议；能精通管理程序，有较强的组织协调能力。

不在自己职责范围内的事，不要随意插手干预，不越俎代庖；要在最大限度地保障业主权利的基础上，降低监理责任风险。

只有取得客户的信任，工程监理才能发挥工程管理的主导作用，在投资、质量、进度、安全等方面充分发挥应有的职责，从而实现真正意义上的全过程、全方位监理。这样，业主不会过多干预具体工程的管理，也能解决业主管理人员不足、专业配套不健全的问题，减少业主的管理成本。

三、建议

（一）完善人员动态管理信息

要解决当前监理人员不到岗、责任不落实的问题，建议建设行政主管部门重点加强招标投标活动的后续管理，进一步巩固招标投标成果；建立总监理工程师及专业监理工程师动态管理数据库信息，以杜绝监理工作中的人员流动和弄虚作假；通过实时动态分析、实时监控、飞行检查等方式加大过程中主要人员到岗履职的监管及考核，特别是对监理合同中人员数量的约定、专业配备及过程中人员变更及到岗履职情况进行监管。让工程监理真正成为工程建设过程中的监护人。

（二）提倡监理服务优质优价

现行的监理取费办法和标准已不适应当前监理的发展。低收费不利于留住和吸引素质较高的人才，不利于监理企业的自我发展，也不利于提高监理工作水平和工程质量。因此，适当提高监理取费标准是完全必要的。工程监理是一种高质量的服务，监理价格过低时监理企业很难派出高素质的监理人员，也无法保证监理人员的数量和质量，也就较难提供优质服务。

适当提高监理收费价格，提高监理人员的福利待遇，为监理人员营造良好的个人发展平台，让监理企业和监理人员有职业尊严地开展监理工作。

（三）发挥行业协会引领作用

行业协会应倡议会员监理企业，守住行业底线，坚持提供标准化、高质量的监理及相关服务，不参与恶意压价项目的投标活动，共同维护和促进监理服务市场的有序、健康发展。同时协会应发挥好与政府职能部门沟通桥梁的作用，密切跟踪有关行业政策及动态，鼓励引导企业做大做强，助力企业资质升级，扩大业务范围，推动监理行业高质量发展。

（四）强化市场的监管

营造优质的信用环境是建筑市场健康发展的重要支撑。对失信的监理企业要给予惩戒。一是在工程招标投标、荣誉获得、资质审核、人员的从业任职资格等方面依法予以限制或禁止；二是在相关行政管理事项中涉及评分时要给予适当的惩罚性减分；三是对失信企业的主要负责人、直接责任人进行诚信诫勉约谈。要从法律层面上强化建立企业法人主体责任，从根子上让其自觉地维护建设监理的市场秩序，并在开展监理业务过程中严格执行监理工作程序，落实监理责任，真正让工程项目在监理有效的监控下良性运转，最终达到预期的控制目标。

行业监管部门应对那些恶性压价、挂靠资质、违反招标投标法规承揽工程、签订"阴阳"合同、监理人员配备不足和管理状况较差的无诚信监理企业进行查处，对问题企业和个人按规定进行处理。建议主管部门加强招标投标活动后的人员管理，建立监理人员动向档案，每个工程按规定办理监理人员上岗手续并登记造册，同时主管部门应查看从业人员是否与所监理的项目专业相匹配。

（五）推广监理数字化的运用

监理工作的推进应该依靠数据而非经验主义。传统监理人员开展工作都是依靠经验，随着规范、标准、新工艺、新材料的迭代更新，很多经验已经无法满足当下工作，也直接影响监理的服务质量，提高了质量安全问题的发生率。推行工程监理数字化管理系统，促使监理日常工作量化、数字化、精细化管理，规范记录工程数据，从而促进监理行业创新发展。

结语

"不谋全局者，不足以谋一域；不谋万世者，不足以谋一时。"面对当前加速演变的国际局势、错综复杂的经济形势、竞争加剧的市场挑战、深化转型的监理行业等诸多不确定、不稳定因素，作为监理企业必须持续提高战略思维能力，务必拿出"刀刃向内、自我革新"的勇气，深入思考工程监理新发展之路，谋新篇，启新程。

当前监理行业正置身于伟大的历史变革洪流中，在全面推进中华民族伟大复兴目标的进程中，监理行业必将迎来一个良好的生存空间和发展环境。因此，要勇于创新，要始终坚持为我国经济和工程建设发展需要服务这一主题，坚定与时俱进的信念和强大自我调整能力，方是监理行业可持续发展和立于不败之地的魂。

浙江省全过程工程咨询与监理管理协会

浙江省全过程工程咨询与监理管理协会
第五次会员大会

浙江省全过程工程咨询与监理管理协会
五届二次理事会

浙江省全过程工程咨询与监理管理协会
全过程工程咨询培训

浙江省全过程工程咨询与监理管理协会
走访调研会员企业

2023 年浙江省监理人员职业技能竞赛

2023 年度浙江省监理行业"未来之光
杯"微课大赛

2023 年浙江省全过程工程咨询与监理
管理协会专项校园招聘会

浙江省全过程工程咨询与监理管理协会
开展"浙理有爱·筑梦前行"爱心助学
活动

浙江省房屋建筑和市政基础设施工程监
理招标文件示范文本修订会

浙江省全过程工程咨询与监理管理协会
秘书长会议

浙江省全过程工程咨询与监理管理协会
秘书处赴苏州市监理协会学习交流

"市政工程监理资料管理标准"课题成
果转团体标准研究课题验收会

浙江省全过程工程咨询与监理管理协会的前身是成立于 1999 年的浙江省建筑业行业协会建设监理分会。2004 年 12 月 18 日，浙江省建设监理协会正式成立。2014 年 4 月 16 日，经第三次会员代表大会通过决议，由行业协会转变为专业协会，同时更名为"浙江省建设工程监理管理协会"。2016 年 4 月，被浙江省民政厅授予"5A"级社会组织荣誉称号。2018 年 10 月 26 日，四届二次会员代表大会通过决议，名称变更为"浙江省全过程工程咨询与监理管理协会"。

协会的宗旨是：以习近平新时代中国特色社会主义思想为指导，加强党的领导，践行社会主义核心价值观，遵守社会道德风尚；遵守宪法、法律、法规和国家有关方针政策。坚持为全省全过程工程咨询与建设监理事业发展服务，维护会员的合法权益，引导会员遵循"守法、诚信、公正、科学"的职业准则，沟通会员与政府、社会的联系，发展和繁荣浙江省全过程工程咨询及建设监理事业，提高浙江省全过程工程咨询及监理服务质量。

协会秘书处以协会宗旨为指引，认真贯彻党的基本方针政策，严格落实上级各项指令，始终坚持"尽最大力推动行业发展、以最诚心服务会员企业"，在推动行业发展、服务会员企业方面做了大量工作，增强了协会凝聚力和号召力；在推动全体会员单位适应市场竞争、促进转型升级、提升服务能力、开展技术协作与交流等方面取得显著成效，得到了会员单位和主管部门的广泛认可。

目前，协会共有会员单位 654 家（人），其中从事全过程工程咨询和工程监理的企业 634 家，从业范围涉及房屋建筑、交通、水利、电力、石油化工、市政、机电、冶炼、园林、通信、环保等十多个专业，基本覆盖了浙江省建设工程等各个领域。另外，协会还有部分大专院校、科研单位等其他类型的会员企业。

伴随着新时代我国建设管理模式的创新和改革的步伐，协会秘书处将进一步加强学习，不断加强自身建设、提升自身素质，本着提供服务、反映诉求、规范行为的基本理念，一如既往热情地为广大会员单位服务，积极工作，努力为广大会员单位提供更多更好的服务。

浙江省全过程工程咨询与监理管理协会 2023 年通讯联络工作会议

（本页信息由浙江省全过程工程咨询与监理管理协会提供）

天津市建设监理协会

天津市建设监理协会成立于 2001 年 10 月，是由天津地区从事工程建设的监理企业与从业人员组成的非营利性社会组织。天津市建设监理协会现有会员单位 159 家，协会设有专家委员会、自律委员会、专业委员会、权益保障委员会，协会秘书处为日常办公机构。

协会的宗旨是：遵守宪法、法律、法规；遵守国家与地方政府的政策规定；遵守社会道德风尚；积极加强社会组织党的建设，致力于社会组织法人治理机构的设置及运行；积极组织会员与政府建设行政主管部门之间的沟通联系；维护行业与会员的合法利益、保障行业公平竞争，为提高工程建设水平做出积极贡献。

多年来，协会在市国资系统行业协会商会党委、市住房和城乡建设委员会和市民政局的指导帮助下，始终坚持以党建促会建、以会建强党建，创造性地开展工作，呈现出党建、业务双提升的可喜局面，充分发挥出基层党组织的战斗堡垒作用，以党建引领助力行业高质量发展。

为适应监理行业转型升级的需要，协会努力推进行业诚信体系建设，构建以信用为基础的自律机制，打造诚信企业，维护市场秩序，提升服务水平，促进监理行业高质量可持续发展。

协会注重行业专家和人才建设的作用，编制并参与完成国家住房城乡建设部、中国建设监理协会多项课题研究任务和天津市多项地方行业标准。协会与天津大学建筑工程学院签署合作框架协议，利用高校的教育资源优势，注重和加强人才培养和员工培训，逐步提高监理人员综合素质，将人才优势转化为市场优势，增强企业实力，满足市场和全能型人才发展需求，实现持续向前发展。推进监理企业提升信息化管理和智慧化服务能力和水平，以信息化、数字化、智慧化助力监理企业转型升级，创新发展，培育全过程工程咨询服务能力，以高水平咨询引领监理行业高质量发展。同时，有序推进团体标准编制工作，目前已经完成了《建设工程监理工作标准指南》《安全生产管理的监理工作标准指南》和《天津市建设工程监理资料编写指南》的房屋建筑工程、市政工程、铁路工程分册的团体标准的颁布与实施，为行业高质量发展提供了基础性保障。

面对新时代、新征程，天津市建设监理协会将以"加强党建、秉持传统、开拓创新、行稳致远"为工作总方针，营造新氛围，开创新局面，做出新成绩，实现新跨越，为工程监理事业，为经济社会健康持续稳定发展，做出应有贡献！

邮　编：300204
电　话：022-23691307
邮　箱：tjjxjlxh@163.com
地　址：天津市河西区围堤道 146 号华盛广场 B 座 9 层 E 单元

（本页信息由天津市建设监理协会提供）

天津市建设监理协会第五届一次会员代表大会合影留念

中共天津市建设监理协会党支部换届选举党员大会

天津市建设监理协会与天津大学建筑工程学院签署合作框架协议

天津市建设监理协会组织召开工程监理服务费用专户管理研讨会

东方电气（广州）重型机器有限公司（"詹天佑奖"）

北京新机场停车楼、综合服务楼

北京通州运河核心区能源中心

铜川照金红色旅游名镇（文化遗址保护）

博地世纪中心

郑州市下穿中州大道隧道工程

中节能（临沂）环保能源有限公司生活垃圾、污泥焚烧综合提升改扩建

中国驻美国大使馆新馆（项目管理＋工程监理）

马鞍山长江公路大桥右汊斜拉桥及引桥

上汽宁德乘用车宁德基地

机械监理

中国建设监理协会机械分会

锐意进取　开拓创新

伴随中国改革开放和经济高速发展，建设监理制度已经走过了30多年历程。

30多年来，建设工程监理在基础设施和建筑工程建设中发挥了重要作用，从南水北调到西气东输，从工业工程到公共建筑，监理企业已经成为工程建设各方主体中不可或缺的主力军，为中国工程建设起到保驾护航的作用。工程监理制度给中国改革开放、经济发展注入了活力，促进了工程建设的大发展，有力地保障了工程建设各目标的实现，推动了中国工程建设管理水平的不断提升，造就了一大批优秀监理人才和监理企业。

中国建设监理协会机械分会的会员单位均为国有企业，具有雄厚的实力、坚实的监理队伍、现代化的企业管理水平。会员单位均具有甲级及以上监理资质，综合资质占30%左右，承担了中国从机械到电子信息行业多数国家重点工程建设监理工作，如新型平板显示器件、半导体、汽车工业、北京新机场、大型国际医院等工程，获得多项国家优质工程奖、"鲁班奖""詹天佑奖"等荣誉奖。

机械分会在中国建设监理协会的指导下，发挥桥梁纽带作用，组织、联络会员单位，参加行业相关活动，开展行业标准制定和相关课题研究，其中包括项目管理模式改革、全过程工程咨询、工程监理制度建设等，为政府政策制定建言献策。

砥砺奋进30载。中国特色社会主义建设已经进入新时代，我们要把握新时代发展的特点，紧紧围绕行业改革发展大局，认真贯彻落实党的二十大精神，扎实开展各项工作，推动行业健康有序发展，不断提升会员单位的工程项目管理水平，为中国工程建设贡献力量。

1. 北京华兴建设监理咨询有限公司：东方电气（广州）重型机器有限公司建设项目。

2. 北京希达建设监理有限责任公司：北京新机场停车楼、综合服务楼项目。

3. 北京兴电国际工程管理有限公司：北京通州运河核心区能源中心。

4. 陕西华建工程监理有限责任公司：铜川照金红色旅游名镇。

5. 浙江信安工程咨询有限公司：博地世纪中心项目。

6. 郑州中兴工程监理有限公司：郑州市下穿中州大道隧道工程。

7. 西安四方建设监理有限公司：中节能（临沂）环保能源有限公司生活垃圾、污泥焚烧综合提升改扩建项目。

8. 京兴国际工程管理有限公司：中国驻美国大使馆新馆项目（项目管理＋工程监理）。

9. 合肥工大建设监理有限责任公司：马鞍山长江公路大桥右汊斜拉桥及引桥项目。

10. 中汽智达（洛阳）建设监理有限公司：上汽宁德乘用车宁德基地项目。

（本页信息由中国建设监理协会机械分会提供）

北京市建设监理协会

北京市建设监理协会成立于 1996 年，是经北京市民政局核准注册登记的非营利社会法人单位，由北京市住房和城乡建设委员会为业务领导，并由北京市社团办监督管理，现有会员单位 252 家。

协会的宗旨是：坚持党的领导和社会主义制度，发展社会主义市场经济，推动建设监理事业的发展，提高工程建设水平，在政府与会员单位之间沟通联系，反映监理企业的诉求，为政府部门决策提供咨询，为首都工程建设服务。

协会的基本任务是：研究、探讨建设监理行业在经济建设中的地位、作用以及发展的方针政策；协助政府主管部门大力推动监理工作的制度化、规范化和标准化，引导会员遵守国家法律和行业规范；组织交流推广建设监理的先进经验，举办有关的技术培训和加强国内外同行业间的技术交流；维护会员的合法权益，并提供有力的法律支持，走民主自律、自我发展、自成实体的道路。

北京市建设监理协会下设办公室、信息部、培训部及北京市西城区建设监理培训学校，学校拥有社会办学资格。

北京市建设监理协会开展的主要工作包括：

1. 协助政府起草文件，调查研究，做好管理工作；
2. 参加国家、行业、地方标准修订工作；
3. 参与有关建设工程监理立法研究及其他内容的课题；
4. 反映企业诉求、维护企业合法权利；
5. 开展多种形式的调研活动；
6. 组织召开常务理事、理事、会员工作会议，研究决定行业内重大事项；
7. 开展"诚信监理企业评定"及"北京市监理行业先进"的评比工作；
8. 开展行业内各类人才培训工作；
9. 开展各项公益活动；
10. 开展党支部及工会的各项活动。

北京市建设监理协会在各级领导及广大会员单位的支持下，做了大量工作，取得了较好成绩。

2015 年 12 月，协会被北京市民政局评为："中国社会组织评估等级 5A"；2016 年 6 月，协会被中共北京市委社工委评为"北京市社会领域优秀党建活动品牌"；2016 年 12 月，协会被北京信用协会授予"2016 年北京市行业协会商会信用体系建设项目"等荣誉称号。

北京市建设监理协会将以良好的精神面貌，踏实的工作作风，戒骄戒躁，继续发挥桥梁纽带作用，带领广大会员单位团结进取，勇于创新，为首都建设事业不断做出新贡献。

（本页信息由北京市建设监理协会提供）

北京市建设监理行业植树活动

北京市建设监理协会党支部组织职工学习党的二十大报告

北京市建设监理协会党组织生活会

北京市建设监理协会第六届第六次会员大会

北京市住建委领导到我会调研指导工作

《北京建设监理》编委会工作总结会

《北京建设监理》编委会季度主任工作会

《建筑工程消防施工质量验收规范》（DB11 T2000—2022）终审会

《住宅工程防水施工和渗漏防治指南》研讨会

2023 年新毕业生入行教育培训

北京市建设监理行业调研座谈会

年会合影

高新技术企业

山东省全过程工程咨询服务5A级单位

"鲁班奖"——淄博世博高新医院

"鲁班奖"——淄博市文化中心

全过程工程咨询——深圳观澜高新园规划工程

项目管理与监理一体化——临沂钢铁项目

监理——淄博市城市快速路

监理——江苏嘉通能源PTA项目

监理——新疆哈密润达（清洁能源）

山东同力建设项目管理有限公司

　　山东同力建设项目管理有限公司是一家具有多项行业顶级资质的全过程工程咨询服务企业。始建于1988年，前身是淄博工程承包总公司，1993年被确立为全国监理试点单位，1997年获住房和城乡建设部甲级监理资质，2004年成功改制，正式更名为山东同力建设项目管理有限公司，是山东省建设咨询服务领域资质既全又高的单位之一。

　　公司注册资金2000万元，现有职工800余人，其中，各类国家级注册人员近300人次，正高级工程师6人，副高级工程师70余人，取得初中级职称人员数约占职工总数的70%。公司经过30年的发展取得了工程监理综合资质、工程造价咨询企业甲级资质、工程招标代理机构甲级资质、中央投资项目招标代理机构乙级资格、人防工程和其他人防护设施监理乙级资质、工程咨询单位乙级专业资信、政府采购代理机构甲级资格、机电产品国际招标代理机构资格、水利工程招标代理单位资格等资质，为客户提供前期咨询、过程管理和最终交付的全过程咨询服务。

　　从遍布全国的业务布局，到北国南疆的百业腾飞；从细节服务的精益求精，到最高奖项的行业赞誉；公司服务范围覆盖20多个省、自治区和直辖市，在印度和蒙古等国也留下了同力人奋斗的足迹。2021年市场签约额2.6亿元，业务收入超2亿元。公司服务的项目获得十余项"鲁班奖"、国家优质工程奖等国家级奖项；公司获得过"2020年抗击疫情、复工复产表现突出监理企业""全国公共资源交易代理机构100强""山东省援建北川工作先进集体""山东省全过程工程咨询服务5A级单位""山东省先进监理企业""山东省5A级招标代理机构""山东省工程造价咨询先进单位""山东省诚信建设示范单位""淄博市城市品质突出贡献企业""科技创新突出贡献企业"等荣誉称号。

　　公司拥有一批相关领域的专家团队和专业技术人才，组建了技术过硬、经验丰富的专家委员会。每年举办春季培训、各项专题培训，定期组织内部研讨、项目观摩、课题研究、成果研发等活动，全面提升员工的综合能力。采用项目管理系统进行业务管理，实现技术资源共享；利用BIM技术对项目进行三维建模和施工仿真模拟，帮助业主实现整个建筑生命周期的可视化和数字化管理；对项目信息进行收集和整理，利用大数据提高公司管理水平；利用无人机技术，加强对现场监管和服务，并做好实时影像记录，为现场管理提供强有力支撑；持续进行科研开发与技术成果转化，形成企业自主知识产权，取得3项发明专利、40余项实用新型专利，2021年被认定为高新技术企业。

　　以技术强基，以诚信立业。从成立初期的艰难探索，到取得多项行业顶级资质，同力人用执着奋斗，走向企业转型升级的强音。山东同力以实际行动助力乡村振兴，践行社会责任，用专业技术服务为工程建设发展贡献同力力量。展望机遇与挑战并存的未来，我们有意愿成为建设咨询服务领域的杰出领行者，有能力给予同力客户高品质服务及整体解决方案！

（本页信息由山东同力建设项目管理有限公司提供）

中咨工程管理咨询有限公司

中咨工程管理咨询有限公司（原中咨工程建设监理有限公司）成立于1989年，是中国国际工程咨询有限公司的核心骨干企业，注册资金1.55亿元。公司是国内从事工程管理类业务较早、规模较大、行业较广、业绩较多的企业之一。为顺应行业转型发展的需要，公司于2019年更名为中咨工程管理咨询有限公司（以下简称"中咨管理"）。

中咨管理具有工程咨询甲级资信，工程监理综合资质以及设备、公路工程、地质灾害防治工程、人民防空工程等多项专业监理甲级资质，并列入政府采购招标代理机构和中央投资项目招标代理机构名单。公司具备完善的工程咨询管理体系和雄厚的专业技术团队，通过了ISO 9001：2015质量管理体系、ISO 14001：2015环境管理体系和ISO 45001：2018职业健康安全管理体系认证；现有员工4700余人，其中具备中、高级职称人数2500余人，各类执业资格人数1600余人。业务涵盖工程前期咨询、项目管理、项目代建、招标代理、造价咨询、工程监理、设备监理、设计优化、工程质量安全评估咨询等项目全过程咨询服务。行业涉及房屋建筑、交通（铁路、公路、机场、港口与航道）、石化、水利、电力、冶炼、矿山、市政、生态环境、通信和信息化等多个行业。

公司设有26个分支机构，业务遍布全国及全球近50个国家和地区，累计服务各类咨询管理项目超过10000个，涉及工程建设投资近5万亿元。包括国家千亿斤粮库工程、国家体育场（鸟巢）、庆祝中国共产党成立100周年文艺演出舞台（国家体育场）工程、国家会议中心、川藏铁路工程、北京2022年冬奥会相关配套工程、首都机场航站楼、西安咸阳国际机场航站楼、杭州湾跨海大桥、京沪高铁、雄安高铁站、雄安至大兴国际机场R1线、京新（G7）高速公路、武汉长江隧道、南宁国际空港综合交通枢纽工程、空客A320系列飞机中国总装线、岭澳核电站、红沿河核电站、天津北疆电厂、百万吨级乙烯、千万吨级炼油、武汉国际博览中心、北京市政务服务中心、雄安市民服务中心、重庆三峡库区地质灾害治理、深圳大运中心以及北京、深圳等28个大中型城市轨道项目等众多国家重点工程，以及埃塞俄比亚铁路、中老铁路、老挝万万高速公路、孟加拉卡纳普里河底隧道、老挝国际会议中心、缅甸达贡山镍矿等一大批海外项目的工程监理、项目管理、造价咨询等服务，其中荣获56项中国建设工程鲁班奖、15项中国土木工程詹天佑奖、64项国家优质工程奖以及各类省级或行业奖项400余项。

经过30年的不懈努力，我们积累了丰富的工程管理经验，为各类工程建设项目保驾护航，"中咨监理"品牌成为行业的一面旗帜。为适应高质量发展的需要，公司制定了"122345"发展战略，以全过程工程管理咨询领先者为发展目标，加快推进转型升级和现代企业制度建设，着力改革创新，做活、做强、做优，坚持走专业化、区域化、集团化、国际化的发展道路，大力开展人才建设工程、平台建设工程、技术研发与信息化建设工程、品牌建设工程、企业文化建设工程五大专项建设工程，矢志不渝地为广大客户提供优质、高效、卓越的专业服务，为国家经济建设和社会发展做出积极贡献。

舞台类——北京冬（残）奥会开闭幕式　援外项目——中老铁路
舞台搭建

铁路类——京沪高铁　　　　　　　轨道交通——北京首条磁浮车辆监理

矿山类——西藏玉龙铜业建设项目　博物馆类——南海博物馆

机场类——首都国际机场T3航站楼　铁路类——北京至雄安新区城际铁路雄安站

大型公建——国家会议中心（冬奥会主媒体中心）

国家粮库——中储粮盘锦基地

舞台类——庆祝建党100周年《伟大征程》舞台搭建

（本页信息由中咨工程管理咨询有限公司提供）

公路类——大连星海湾跨海大桥

专家委员会成立大会

召开《建设工程监理工作标准》编制工作启动会

接待兄弟协会来访

纪念监理制度推行 30 周年系列活动之书画、摄影展

重庆市建设监理协会

　　重庆市建设监理协会成立于 1999 年 7 月 10 日，是由在重庆市区域内从事建设工程监理与相关服务活动的单位和组织等自愿组成的行业性社会组织。坚持以服务为宗旨，以提高重庆市建设监理队伍素质为中心，为会员办实事，把监理协会办成"监理者之家"，被重庆市住房和城乡建设委员会授予"会员之家"称号，被重庆市民政局评为 4A 级社会组织。协会设有秘书处、综合办公室、财务部、培训部、行业管理部、咨询服务部，同时创办了《重庆建设监理》会刊。为不断提高监理水平，造就一支高素质的监理队伍，还组织开展了多层次的监理培训。专家委员会为加强行业自律，自协会成立起要求凡入会成员都要签署《行业自律公约》。在建设主管部门的支持和指导下，协会于 2002 年 10 月成立了"重庆市建设监理协会行业自律纪律委员会"，委员会对重庆市的监理行业进行自律检察和监督，更好地规范建设监理市场。

　　会员是协会存在的基础，为会员服务是协会的本职工作，协会应多为会员办好事、办实事，急会员所急、想会员所想，努力做到公平、公正、热心为会员服务。

邮　编：401122
电　话：023-67539261
邮　箱：cqjlxhhy@sina.com
地　址：重庆市两江新区金渝大道汇金路 4 号重庆互联网智能产业园
　　　　11 楼

召开协会成立 20 周年纪念大会

举办"携手并进、砥砺前行"徒步接力赛活动

举办"健康发展、拥抱未来"活动

专家委员会成立大会合影

重庆市住房和城乡建设委员会授予"会员之家"称号

获评重庆市民政局评 4A 级社会组织

（本页信息由重庆市建设监理协会提供）

云南国开建设监理咨询有限公司
Yunnan Guokai Project Management & Consultant Co., Ltd

云南国开建设监理咨询有限公司成立于1997年，具有住房城乡建设部颁发的房屋建筑工程、市政公用工程监理甲级资质；具有机电安装工程、化工石油工程、冶炼工程监理乙级及人防工程、地质灾害防治、设备监理等多项监理资质；通过质量管理体系、环境管理体系、职业健康安全管理体系认证，并逐年改进提升；企业诚信综合评价3A。

公司拥有一支由国家注册监理工程师为骨干，专业监理工程师为主体，经设计、施工、监理工作岗位历练的大学毕业生为基础，综合素质好、专业技术配套齐全、年龄结构合理、技术装备强、管理规范的监理队伍。

公司坚持"公平、独立、诚信、科学"的工作准则，秉执"热情服务，严格监理"的服务宗旨，不断创新、追求卓越，坚持"以人为本"的核心理念，完善健全公司管理制度，使公司管理规范有序运作；公司组织编制云南国开建设监理咨询有限公司《监理工作手册》（一～三册）、《建设工程监理标准化工作规程》《建筑施工安全检查要点工作手册》等业务指导丛书，强化行业和公司内部培训，努力提高监理人员专业素质，全面推行建设工程监理标准化工作。公司建立工程监理及项目管理信息化管理平台，为规范化、科学化管理奠定了坚实基础。公司长期坚持组织督查组对公司所属项目实行全覆盖检查、指导，全力以赴做好现场监理工作，认真履行监理职责，有效防范和遏制工程质量安全事故的发生，确保建设工程质量、安全、进度、造价目标的实现。

近年来，公司监理咨询的项目，获得过国家金杯奖、优质工程奖、银质奖；云南省、市优质工程奖；监理企业质量管理安全生产先进单位等荣誉，赢得了社会的充分肯定和业主的赞誉。

国开监理——工程建设项目的可靠监护人，建设市场的信义使者！

邮　编：650041
电话（传真）：0871-63311998
邮　箱：gkjl@gkjl.cn
地　址：云南省昆明市东风东路169号

（本页信息由云南国开建设监理咨询有限公司提供）

云南澄江化石地博物馆

迪庆香格里拉大酒店

昆明西山区润城项目

滇南中心医院

昆明碧桂园御龙半山项目

楚雄灵秀立交桥

新疆昆仑工程咨询管理集团有限公司

兵团兴新职业技术学院南迁校区（一期）第一师五团苹果苑小区建设项目（设计）建设工程（设计）

奥林匹克体育中心（监理）

花蕊文化中心（监理）

塔里木大学体育馆（监理）

塔里木大学体育馆项目（监理）

新疆大剧院（监理）

新疆国际会展中心（监理）

新疆万科会展中心（监理）

乌鲁木齐市 T3 航站楼（监理）

新疆昆仑工程咨询管理集团有限公司（以下简称"昆仑咨询集团"）是兵团第十一师建咨集团所属的全资国有企业，注册资本金6000万元，其前身昆仑监理公司成立于1988年，是全国第一批试点监理企业，2019年，在师党委和建咨集团党委的坚强领导下，昆仑监理围绕"建链、补链、延链、强链"进行资源整合，吸收、合并兵团建工设计院、正元招标、宏正造价、图木舒克工程咨询公司组建成昆仑咨询集团，力争"十四五"期间率先打造成全国知名全过程工程咨询企业。

昆仑咨询集团积极践行新发展理念，紧紧围绕行业发展方向和区域政策导向，壮大综合实力，拥有职工1600余人，中级及以上职称700余人，拥有各类国家注册执业资格证书合计525余人次，拥有工程监理综合资质，公路工程监理、水利工程监理、工程咨询、建筑设计、工程造价咨询、招标代理等7项甲级资质和其他各类资质共19项，是新疆乃至西北地区资质等级高、服务范围广、产业链齐全、品牌影响大、技术力量雄厚的建设咨询服务龙头企业。

在不断推进高质量发展的进程中，昆仑咨询集团大力实施"立足疆内、拓展疆外、开发海外"的市场战略，积极参加国家、省、市、自治区和兵团重点工程项目建设，累计参建5000余项，业绩遍布全国20多个省市。监理板块完成了自治区迎宾馆、兵团机关办公综合楼、乌鲁木齐市T3航站楼、新疆大剧院、新疆国际会展中心（一、二期）、乌鲁木齐市奥体中心、乌鲁木齐市文化中心等地标性工程的建设。9项工程荣获"鲁班奖"，2项"詹天佑奖"，4项"钢结构金奖"，2项"安装之星奖"，百余项工程荣获省级优质工程奖，跻身"全国百强监理企业""全国先进建设监理单位"，2015年在全国监理企业排名中位列第15位。设计板块代表项目有石大一附院住院二部、伊犁大酒店、徕远宾馆等。招标代理的重点项目有图市新建铁路专用线、十二师党校等。造价事务所完成了兵团高等专科学校南迁项目（一期、二期）等项目造价控制，并成功走出国门，曾参与蒙古国、塔吉克斯坦、赞比亚、塞拉利昂等6个国家的项目建设，高标准完成援外任务，为国争光。

昆仑咨询集团荣获全国文明单位荣誉称号，连续7年荣获"全国先进监理单位"称号，荣获"全国安康杯竞赛优胜企业""兵团屯垦戍边劳动奖"等多项荣誉。兵团建工设计院多项可研报告荣获"全国优秀工程咨询成果优秀奖"；正元招标荣获"全国招标代理机构诚信先进单位"称号、中国招标投标协会"行业先锋"荣誉称号、自治区招标代理信用评价等级"3A"荣誉称号。昆仑咨询集团参与自治区住房和城乡建设厅标准编制1项；连续多年获得自治区信用等级"3A"级评价，多次在乌鲁木齐市信用评价等级中排名第一，所属正元招标、宏正造价也连续多年获得"3A"级信用评价。

一直以来，昆仑咨询人坚守"自强自立、诚实守信、团结奉献、务实创新"的企业精神，向业主提供优质的工程咨询服务，昆仑咨询集团正朝着造就具有深刻内涵的品牌化、规模化、多元化、国际化的全过程工程咨询管理企业方向发展。

（本页信息由新疆昆仑工程咨询管理集团有限公司提供）